建筑施工起重吊装
安全管理图解

杨一伟　刘文华　张燕　杨春　主编

中国建筑工业出版社

图书在版编目（CIP）数据

建筑施工起重吊装安全管理图解 / 杨一伟等主编.
北京：中国建筑工业出版社，2024. 12. -- ISBN 978-7-112-30381-6
I. TH210.8-64
中国国家版本馆 CIP 数据核字第 2024E5S641 号

本书采用图片与文字注解相结合的方式，介绍了建筑起重吊装标准做法，具有参考性、实用性、警示性。全书共 5 章，包括：建筑施工起重吊装常用设备；吊索具；建筑施工起重吊装作业人员；建筑施工起重吊装安全管理；建筑施工起重吊装图解。

本书可供建筑施工现场各级管理人员阅读使用。

责任编辑：沈文帅　王砾瑶
责任校对：赵　力

建筑施工起重吊装安全管理图解

杨一伟　刘文华　张燕　杨春　主编

*

中国建筑工业出版社出版、发行（北京海淀三里河路9号）
各地新华书店、建筑书店经销
北京科地亚盟排版公司制版
北京市密东印刷有限公司印刷

*

开本：787 毫米 ×1092 毫米　1/16　印张：8½　字数：148 千字
2024 年 12 月第一版　　2024 年 12 月第一次印刷
定价：68.00 元
ISBN 978-7-112-30381-6
（43707）

版权所有　翻印必究
如有内容及印装质量问题，请与本社读者服务中心联系
电话：（010）58337283　QQ：2885381756
（地址：北京海淀三里河路9号中国建筑工业出版社604室　邮政编码：100037）

编委会名单

主　　编	杨一伟	刘文华	张　燕	杨　春	
副 主 编	杨雪洁	丛　晔	张海洋		
编写人员	高洪生	郭志刚	周树军	韩俊虎	温佐华
	邢　雯	葛　健	薛　健	吴　刚	范　娟
	田　祎	谭亚武	王继忠	王　丰	王志爽
	郭立平	王善科	王文峰	赵玉宝	田卫东
	闫慧峰	陈常鑫	宋其龙	宫石垒	程昕上
	丁明团	陆　民	徐敏武	信佳佳	赵亚童
	赵　龙	邢　财	张洪亮	刘世涛	张　涛
	王鲁晋	韦安磊	树文韬	韩　健	姜　宁
	曹书博	孟海泳	李永光	刘振亮	鲍庆振
	邢凤永	亓文红	乔海洋	徐祗昶	李洪竹
	张祥柱	王安静	杨允风	栾振鹏	杨允跃
	孙进峰	孔祥雁	马国超	李镇宇	陈伟伟
	李雪廷	靳　顺	陈鹏锦	陈云涛	辛　建
	陈光亮	宋江涛	李奕辉	朱文超	韩其畅
	李雪凤	陈科芳	蒲　锰	王丙军	赵红旭
	赵倩倩	白承鑫	杨允龙	邢凤宝	单金伟
	苏宗玉	张自豪			
主　　审	孙曰增	王凯晖	李红宇		

副 主 审 马岩辉 申 雨 吴晓军

参编单位 全国市长研修学院（住房和城乡建设部干部学院）
山东中建物资设备有限公司
广联达科技股份有限公司
济南市工程质量与安全中心
中建八局第二建设有限公司
中建八局发展建设有限公司
中国建设工程造价管理协会工程师
济南黄河河务局历城黄河河务局
山东高速全过程项目管理有限公司
长兴县建设工程质量安全管理站

前言

我国城镇化建设快速发展，促进了建筑业蓬勃发展，进入"十四五"时期，待建项目普遍具有造价高、经济效益差、地方财力有限等特点，社会参与愿望不强。碳达峰碳中和倒逼下生态环境约束增强，原材料、用工等要素成本上升，项目建设推进困难。在此环境下，起重设备趋于饱和，市场竞争日益激烈，普遍存在低价中标的现象，安全投入不足日益凸显，给本就脆弱的起重吊装作业环境带来新的风险。

据不完全统计，80%的起重伤害事故是由于使用、管理不当造成的，起重吊装违章作业仍是造成事故的主要原因。长期以来人们在工作和生活中养成了一个心理陋习，总是以最小的能量获得最大的效果，且在特定的社会环境里一些老的做法经过长期的劳作已形成习惯，并当成了经验。对于习惯性违章的危害认识不足，教训不够深刻，对于各类"安全规程"教条学习的意愿不强，以及作业环境中上行下效或者师授徒仿等"省能"现象反复出现，缺乏遵规意识、责任意识、安全意识。

"不治已病治未病，不治已乱治未乱"是中医宝典《黄帝内经》的防病养生谋略；把安全生产工作关口前移，"预防为主"也是迄今我国安全生产方针所遵循的重要战略措施。创建良好的起重吊装作业环境，规范起重吊装作业行为，有效避免伤害，提高生产效率，最大限度地消除危险，保护每一名从业者的人身安全是我们为之奋斗的目标。

为深入贯彻落实习近平总书记关于安全生产重要指示批示精神，严格落实国务院安全"十五条"硬措施，切实落实"安全第一、预防为主、综合治理"的安全生产方针，进一步加强建筑施工起重吊装安全管理，实现吊装作业标准化、规范化、科学化，有效防范和遏制事故发生，因此组织编写《建筑施工起重吊装安全管理图解》。

本书是编者参考建筑起重吊装相关标准、规范，结合现场实际，总结标准做法，采用图片、文字注解及案例警示相结合方式，对从业者具有可读性、吸引性、警示性；对改善吊装作业环境具有指导性、实用性、参考性等特点。

本书适用于建筑施工现场各级管理人员、广大从业人员参考，亦可作为各培训机构培训教材。

由于编者水平有限，难免有不当之处，如有与标准、规范不符之处，恳请各位专家和读者给予批评和指正，便于及时更正，更好地促进建筑起重吊装作业向更加安全的方向发展。

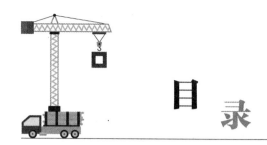

目 录

第1章 建筑施工起重吊装常用设备 / 001
1.1 塔式起重机 / 001
1.2 汽车起重机 / 008
1.3 履带式起重机 / 016

第2章 吊索具 / 021
2.1 钢丝绳 / 021
2.2 吊装带 / 031
2.3 卸扣 / 038
2.4 链条 / 045
2.5 真空吸盘 / 049
2.6 吊钩 / 052

第3章 建筑施工起重吊装作业人员 / 057
3.1 建筑起重司索信号工 / 057
3.2 塔式起重机司机 / 059
3.3 汽车起重机司机 / 061
3.4 履带式起重机司机 / 063

第4章 建筑施工起重吊装安全管理 / 065
4.1 起重吊装作业的定义 / 065
4.2 起重吊装作业安全管理的基本规定 / 065
4.3 危险性较大的起重吊装作业安全管理规定 / 067

| 4.4 | 吊装作业安全管理措施 | / 067 |

第 5 章　建筑施工起重吊装图解　　　　　　　　　　　　　/ 072

5.1	木料吊装	/ 072
5.2	钢管吊装	/ 077
5.3	钢筋吊装	/ 080
5.4	零散物料吊装	/ 083
5.5	模板吊装	/ 085
5.6	施工机具吊装	/ 086
5.7	PC 构件吊装	/ 090
5.8	钢结构吊装	/ 096
5.9	玻璃幕墙吊装	/ 104
5.10	双机抬吊	/ 107
5.11	其他吊装	/ 110

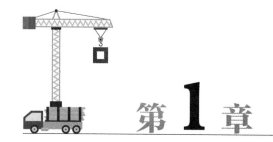

第1章

建筑施工起重吊装常用设备

建筑施工现场常用的起重吊装设备有塔式起重机、汽车起重机、履带式起重机等。

1.1 塔式起重机

建筑施工现场常用的塔式起重机分为两种：水平臂塔式起重机和动臂塔式起重机，水平臂塔式起重机又分为固定式和行走式。(《起重机 术语 第3部分：塔式起重机》GB/T 6974.3—2008)。

1. 固定式水平臂塔式起重机

（1）基本组成

固定式水平臂塔式起重机组成见图1.1-1。

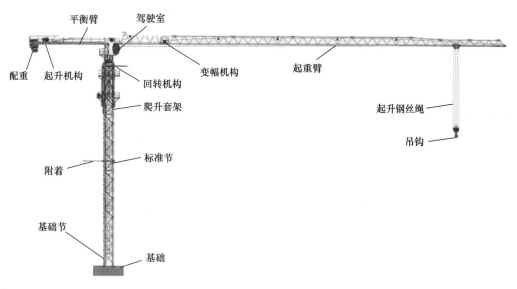

图1.1-1 固定式水平臂塔式起重机组成

（2）起重性能参数

固定式水平臂塔式起重机起重性能参数（单位：t、m）见图 1.1-2。

R	倍率	R(Cmax)	C(max)	臂长										
				15	20	25	30	35	40	45	50	55	60	65
65	2	35.32	4.00	4.00	4.00	4.00	4.00	4.00	3.41	2.91	2.51	2.19	1.93	1.70
	4	19.79	8.00	8.00	7.90	6.03	4.81	3.95	3.31	2.81	2.41	2.09	1.83	1.60
60	2	36.80	4.00	4.00	4.00	4.00	4.00	4.00	3.59	3.08	2.66	2.33	2.05	
	4	20.60	8.00	8.00	8.00	6.34	5.06	4.16	3.49	2.98	2.56	2.23	1.95	
55	2	38.67	4.00	4.00	4.00	4.00	4.00	4.00	3.83	3.29	2.85	2.50		
	4	21.62	8.00	8.00	8.00	6.73	5.38	4.44	3.73	3.19	2.75	2.40		
50	2	40.12	4.00	4.00	4.00	4.00	4.00	4.00	3.45	3.00				
	4	22.42	8.00	8.00	8.00	7.03	5.63	4.65	3.92	3.35	2.90			
45	2	41.45	4.00	4.00	4.00	4.00	4.00	4.00	3.60					
	4	23.15	8.00	8.00	8.00	7.30	5.86	4.84	4.08	3.50				
40	2	40.00	4.00	4.00	4.00	4.00	4.00	4.00						
	4	23.21	8.00	8.00	8.00	7.33	5.88	4.86	4.10					
35	2	35.00	4.00	4.00	4.00	4.00	4.00	4.00						
	4	23.21	8.00	8.00	8.00	7.33	5.88	4.86						
30	2	30.00	4.00	4.00	4.00	4.00	4.00							
	4	23.21	8.00	8.00	8.00	7.47	6.00							

注：R 为工作半径；$R(Cmax)$ 为最大起重量时的工作半径；$C(max)$ 为最大起重量。

图 1.1-2　固定式水平臂塔式起重机起重性能参数（单位：t、m）

（3）安全装置

安全装置见图 1.1-3。

(a) 起重力矩限制器

(b) 起重量限制器

(c) 起升高度限位器

(d) 幅度限位器

图 1.1-3　安全装置

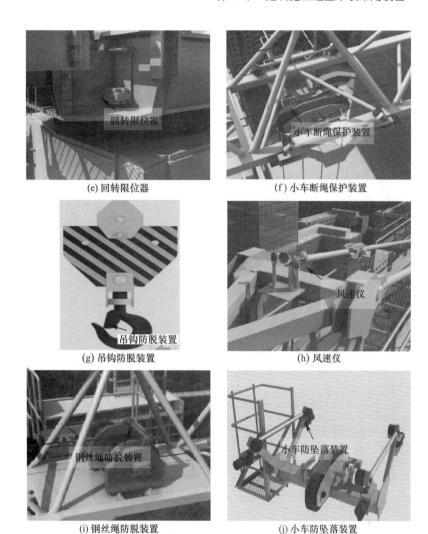

(e) 回转限位器　　(f) 小车断绳保护装置

(g) 吊钩防脱装置　　(h) 风速仪

(i) 钢丝绳防脱装置　　(j) 小车防坠落装置

图 1.1-3　安全装置（续）

2. 行走式水平臂塔式起重机

（1）行走部分的组成

行走式水平臂塔式起重机结构如图 1.1-4 所示，行走装置结构如图 1.1-5 所示。

（2）起重性能参数

行走式水平臂塔式起重机起重性能参数（单位：t，m）见图 1.1-6。

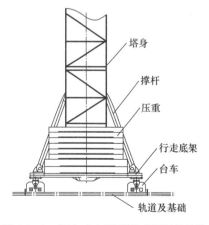

图 1.1-4　行走式水平臂塔式起重机结构

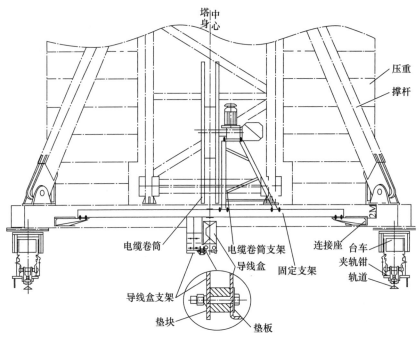

图 1.1-5 行走装置结构

R	倍率	R(Cmax)	C(max)	臂长										
				15	20	25	30	35	40	45	50	55	60	65
65	2	35.32	4.00	4.00	4.00	4.00	4.00	4.00	3.41	2.91	2.51	2.19	1.93	1.70
	4	19.79	8.00	8.00	7.90	6.03	4.81	3.95	3.31	2.81	2.41	2.09	1.83	1.60
60	2	36.80	4.00	4.00	4.00	4.00	4.00	4.00	3.59	3.08	2.66	2.33	2.05	
	4	20.60	8.00	8.00	8.00	6.34	5.06	4.16	3.49	2.98	2.56	2.23	1.95	
55	2	38.67	4.00	4.00	4.00	4.00	4.00	4.00	3.83	3.29	2.85	2.50		
	4	21.62	8.00	8.00	8.00	6.73	5.38	4.44	3.73	3.19	2.75	2.40		
50	2	40.12	4.00	4.00	4.00	4.00	4.00	4.00	4.00	3.45	3.00			
	4	22.42	8.00	8.00	8.00	7.03	5.63	4.65	3.92	3.35	2.90			
45	2	41.45	4.00	4.00	4.00	4.00	4.00	4.00	3.60					
	4	23.15	8.00	8.00	8.00	7.30	5.86	4.84	4.08	3.50				
40	2	40.00	4.00	4.00	4.00	4.00	4.00	4.00						
	4	23.21	8.00	8.00	8.00	7.33	5.88	4.86	4.10					
35	2	35.00	4.00	4.00	4.00	4.00	4.00	4.00						
	4	23.21	8.00	8.00	8.00	7.33	5.88	4.86						
30	2	30.00	4.00	4.00	4.00	4.00	4.00							
	4	23.21	8.00	8.00	8.00	7.47	6.00							

图 1.1-6 行走式水平臂塔式起重机起重性能参数（单位：t、m）

（3）安全装置

行走式水平臂塔式起重机的安全装置比固定式的安全装置增加了行走部分。行程限位开关见图 1.1-7。

行程限位撞块安装在轨道两端并与台车 I 的行程开关位置对应。停车时，台车端部距轨道滑动车挡（缓冲器）的最小距离为 1m，轨道滑动车挡距轨道固定车挡的最小距离为 1m。

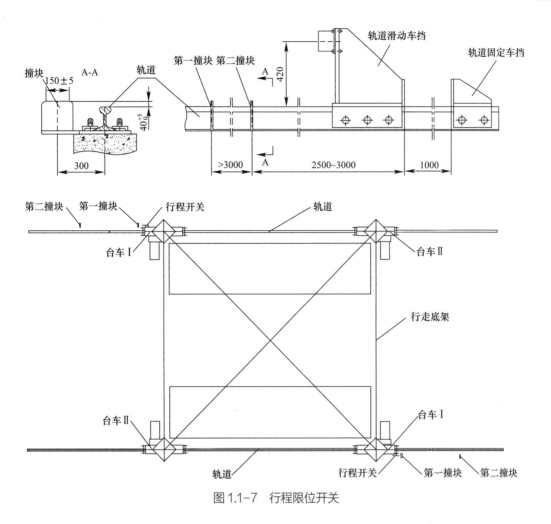

图 1.1-7 行程限位开关

当司机离开塔式起重机下班时,必须将夹轨钳与轨道夹紧,以防止塔式起重机倾翻;工作时应松开夹轨钳。夹轨钳见图 1.1-8。

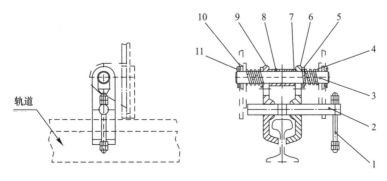

1—手柄;2—螺杆;3—轴;4—弹簧;5—挡圈;6—右半钳;
7—调整垫;8—轴套;9—左半钳;10—垫圈;11—销

图 1.1-8 夹轨钳

3. 动臂塔式起重机

（1）动臂塔式起重机的基本组成

动臂塔式起重机的结构组成见图1.1-9。

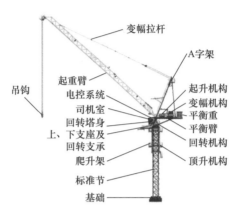

图1.1-9 动臂塔式起重机的结构组成

动臂塔式起重机是通过起重臂的俯仰角度来调整工作半径的，起重臂的俯仰角度一般为15°～85°。吊钩到塔身的距离相对较远，起升高度则相对较高。

（2）动臂塔式起重机性能参数

动臂塔式起重机起重性能参数（单位：t、m）见图1.1-10。

R	倍率	R(Cmax)	C(max)	臂长										
				15	20	25	30	35	40	45	50	55	60	65
65	2	35.32	4.00	4.00	4.00	4.00	4.00	4.00	3.41	2.91	2.51	2.19	1.93	1.70
	4	19.79	8.00	8.00	7.90	6.03	4.81	3.95	3.31	2.81	2.41	2.09	1.83	1.60
60	2	36.80	4.00	4.00	4.00	4.00	4.00	4.00	3.59	3.08	2.66	2.33	2.05	
	4	20.60	8.00	8.00	8.00	6.34	5.06	4.16	3.49	2.98	2.56	2.23	1.95	
55	2	38.67	4.00	4.00	4.00	4.00	4.00	4.00	3.83	3.29	2.85	2.50		
	4	21.62	8.00	8.00	8.00	6.73	5.38	4.44	3.73	3.19	2.75	2.40		
50	2	40.12	4.00	4.00	4.00	4.00	4.00	4.00	4.00	3.45	3.00			
	4	22.42	8.00	8.00	8.00	7.03	5.63	4.65	3.92	3.35	2.90			
45	2	41.45	4.00	4.00	4.00	4.00	4.00	4.00	3.60					
	4	23.15	8.00	8.00	8.00	7.30	5.86	4.84	4.08	3.50				
40	2	40.00	4.00	4.00	4.00	4.00	4.00	4.00						
	4	23.21	8.00	8.00	8.00	7.33	5.88	4.86	4.10					
35	2	35.00	4.00	4.00	4.00	4.00	4.00	4.00						
	4	23.21	8.00	8.00	8.00	7.33	5.88	4.86						
30	2	30.00	4.00	4.00	4.00	4.00	4.00							
	4	23.21	8.00	8.00	8.00	7.47	6.00							

图1.1-10 动臂塔式起重机起重性能参数（单位：t、m）

（3）动臂塔式起重机的安全装置

动臂塔式起重机的安全装置见图1.1-11。

图 1.1-11　动臂塔式起重机的安全装置

(i) 起重量限制器

(j) 电子式倾角传感器

(k) 制动装置

(l) 障碍灯

图 1.1-11 动臂塔式起重机的安全装置（续）

1.2 汽车起重机

汽车起重机见图 1.2-1。

图 1.2-1 汽车起重机

1. 起重性能

起重性能见图 1.2-2。

QY130t汽车起重机起重性能表												单位：t、m
38t配重，全支腿性能参数表												
工作半径	起重臂长度											
	13.0	17.1	21.3	25.4	29.6	33.7	37.8	42.0	46.1	50.3	54.4	58.0
3.0	130.0	108.0										
3.5	125.0	102.0										
4.0	115.0	98.0	90.0	75.0								
4.5	105.0	91.0	85.0	72.0	60.0							
5.0	98.0	85.0	76.5	68.5	55.0	50.0						
6.0	85.0	78.0	69.2	62.0	53.6	45.0	38.0					
7.0	70.0	70.0	62.8	56.5	50.5	43.0	36.5	28.5				
8.0	60.0	60.0	57.0	51.2	46.5	40.5	35.0	28.0	25.0			
9.0	52.0	52.0	50.0	47.0	43.6	37.5	32.5	27.5	24.0	20.0		
10.0	45.0	45.5	45.3	43.0	35.8	30.0	26.5	22.0	18.0	16.5	13.5	
12.0		39.0	38.5	37.5	34.3	31.5	27.0	23.7	20.6	16.5	15.5	12.5
16.0			23.1	23.9	24.0	24.0	22.0	18.6	17.1	14.0	13.0	11.5
20.0				16.0	16.2	16.5	17.3	16.3	13.9	12.5	11.5	10.0
24.0					11.4	11.7	12.5	12.5	11.2	10.8	10.5	8.6
28.0						8.5	9.3	9.3	9.5	9.5	9.5	7.5
34.0							6.0	6.0	6.2	6.6	7.0	6.2
倍率	12	10	8	7	6	5	4	3	3	2	2	2

图 1.2-2 起重性能

2. 汽车起重机安全装置

常用安全装置：高度限位器、角度检测器、长度检测器、三圈过放检测器、风速仪、支腿油缸锁定器、支腿固定销、力矩检测器、水平仪、压力传感器、紧急停止开关、三色警示灯。

（1）高度限位器（由重锤＋行程开关组成，见图1.2-3）

功能：当吊钩与吊臂定滑轮之间的距离达到规定值时，停止吊钩上升动作。

位置：主臂头部和副臂头部。

图 1.2-3 高度限位器

图 1.2-4 角度检测器

（2）角度检测器（图 1.2-4）

功能：通过自重原理，机械式显示出吊臂与水平方向的夹角。

位置：主臂左侧靠近操纵室。

（3）角度传感器（图 1.2-5）

功能：将倾角转换成电信号，通过力矩限制器中的显示屏显示出吊臂与水平方向的夹角。

位置：主臂左侧和长度检测器在一起，或独立存在。

图 1.2-5 角度传感器

（4）长度检测器（图 1.2-6）

功能：测量吊臂实时长度，通过力矩限制器中的显示屏，显示出吊臂的实际长度。

位置：主臂左侧前段和中段。

图 1.2-6 长度检测器

（5）三圈过放检测器（图 1.2-7）

功能：当卷扬卷筒上面还剩下三圈钢丝绳时，停止卷扬下放动作。

图 1.2-7　三圈过放检测器

位置：转台后段右侧，主、副卷扬各一个。

（6）风速仪（图 1.2-8）

功能：测量风速，通过力矩限制器中的显示屏，显示出实时风速。

图 1.2-8　风速仪

位置：吊臂头部左侧或右侧。

（7）支腿油缸液压锁（图 1.2-9）

功能：防止油缸因受压过大导致回缩、因自重导致伸出。

位置：垂直油缸顶部或侧面。

（8）支腿固定销（图 1.2-10）

功能：在车辆行驶过程中，防止支腿甩出；在工作状态时，避免支腿水平油缸受力回缩，导致水平油缸变形。

位置：固定支腿出口处附近。

图 1.2-9　支腿油缸液压锁

图 1.2-10　支腿固定销

（9）水平仪（图 1.2-11）

功能：实时显示起重机的整车倾斜度。分电子水平仪和气泡水平仪两种。

位置：前支腿后方，车架左右两侧各一个。

图 1.2-11　水平仪

（10）压力传感器（图 1.2-12）

功能：检测变幅油缸压力值，并转换成电信号，通过力矩限制器中的显示屏，显示出压力数值。

位置：变幅油缸中后段。

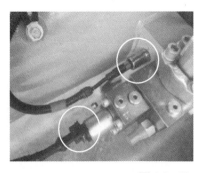

图 1.2-12　压力传感器

（11）紧急停止开关（图 1.2-13）

功能：按下此开关时，发动机熄火，车上所有动作停止，且发动机无法启动。需要通过手动旋转此开关，开关才能复位。

位置：操纵室内左前方或右侧控制箱上。

图 1.2-13　紧急停止开关

（12）三色警示灯（图 1.2-14）

功能：用来表明实际力矩与额定力矩的比值情况。载荷百分比＜90% 时，绿灯亮；90%≤载荷百分比＜100% 时，黄灯亮；载荷百分比≥100% 时，红灯亮，同时报警器报警。

位置：操纵室外部。

图 1.2-14　三色警示灯

（13）卷扬观察器（图 1.2-15）

功能：方便操作者在操纵室内观察卷筒上钢丝绳缠绕情况。

位置：卷筒后上方。

（14）卷扬监控器（由摄像头＋显示器组成，见图 1.2-16）

功能：方便操作者在操纵室内通过监控显示器，观察卷筒上钢丝绳缠绕情况。

位置：转台后端上方。

图 1.2-15　卷扬观察器

图 1.2-16　卷扬监控器

3. 支腿反力简易计算

地基所承受压力：$N = N_1 + N_2 + N_3 = 304.2t$。

式中：$N_1 = 126t$，吊物 + 吊索具；$N_2 = 80t$，汽车起重机自重；$N_3 = 98.2t$，配重。

每条支腿受力：$N_t = N/4 = 76.05t$。

根据说明书，最大支腿受力为平均受力的 2.0 倍，$N_{maxt} = 2.0 \times N_t = 152.1t$。

汽车起重机支腿下铺设 $2.2m \times 2.5m = 5.5m^2$ 路基箱。

受力最大支腿对地面压力为：$152.1t/5.5m^2 = 27.65t/m^2 = 27.65kPa$。

4. 汽车起重机事故

（1）翻车事故

超载起吊是目前汽车起重机行业"最常见"的违规操作，也是引发翻车的高危因素。在实际工作中由于对所吊物品的重量估计不清，或对安全问题不够重视而超载起吊，使起重机失去平衡而翻车。汽车起重机翻车事故见图 1.2-17。

图 1.2-17　汽车起重机翻车事故

（2）支腿下陷事故

长期以来，汽车起重机支腿下陷事故频繁发生。这类事故的根本原因是支腿接触的地面承载力不均匀。常见的容易造成支腿下陷的地面有：回填土地面、碎石地面、泥地、地形边缘、排水渠等空心场地。

（3）倾覆事故

1）汽车起重机的倾覆多发生于回转过程中，这是因为回转会产生离心力，回转越快离心力越大，等同于超载起吊、歪拉斜吊。因此，要注意回转速度不宜过快。汽车起重机倾覆见图1.2-18。

图1.2-18　汽车起重机倾覆

2）变幅、伸缩臂操作程序错误，在起吊过程中，起重臂的角度减小或幅度增大容易超过倾覆力矩，导致翻车。起重臂角度减小或幅度增大见图1.2-19。

图1.2-19　起重臂角度减小或幅度增大

（4）折臂事故

折臂事故发生的原因有超载起吊、工作幅度过大等。汽车起重机折臂见图1.2-20。

（5）斜吊引起的事故

斜吊相当于在起重臂端作用一个水平力，增加了倾翻力矩，同时也使钢丝绳拉力增加。因此应禁止"歪拉斜拽"，如图1.2-21所示。

图1.2-20 汽车起重机折臂

图1.2-21 禁止"歪拉斜拽"

（6）触电事故

防止汽车起重机触电事故的安全注意事项有：

1）起重机工作时，起重臂、钢丝绳、吊具以及吊物，与输电线的最小距离不应小于规定值。

2）起吊时，捆绑挂钩完毕，不应用手扶持吊物，或牵拉钢丝绳，防止在触电伤害。

3）起重机移位时，起重臂应放平，不准伸出仰起吊臂行走，更不能手牵钢丝绳行走，防止触电伤害。

4）在野外空旷场地作业时，遇有雷雨应将起吊臂收回放平，防止雷击。

绝大多数触电事故（图1.2-22）是由于对安全注意不够，违章作业造成的，为搞好安全生产，必须提高安全生产意识，遵守安全操作规程。

图1.2-22 触电事故

1.3 履带式起重机

履带式起重机见图1.3-1。

图 1.3-1　履带式起重机

履带式起重机基本结构组成清单见表 1.3-1。

履带式起重机基本结构组成清单　　　表 1.3-1

序号	部件	序号	部件
1	操纵室	8	液压油箱
2	车身压重	9	主阀
3	回转机构	10	油泵装置
4	转台	11	分动箱
5	主卷扬	12	发动机系统
6	主变幅卷扬	13	转台配重
7	燃油箱	14	—

履带行走装置由履带架、行走装置、传动装置组成。

不同臂架组合形式见图 1.3-2，不同臂架组合工况见表 1.3-2。

S 型工况起升高度特性曲线见图 1.3-3，S 型工况起升性能见表 1.3-3。

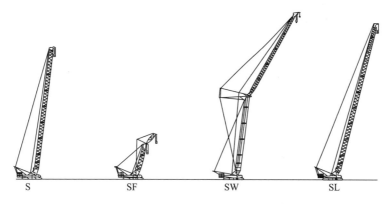

图 1.3-2　不同臂架组合形式

不同臂架组合工况　　　　　表1.3-2

代号	类型	吊臂组合
S	主臂工况	$S = 24 \sim 96$m
SF	盾构工况	$S = 24$m，$F = 8/11$m
SW	塔臂工况	$S = 30 \sim 60$m，$W = 23 \sim 65$m
SL	轻型主臂工况	$SL = 74 \sim 116$m

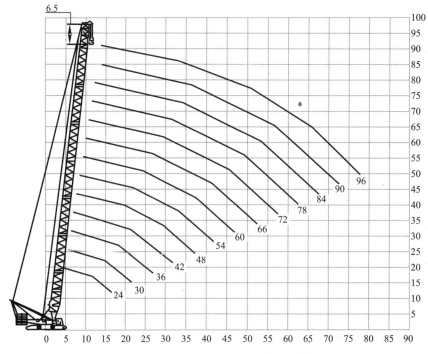

图1.3-3　S型工况起升高度特性曲线（单位：m）

S型工况起升性能（单位：t、m）　　　　　表1.3-3

幅度	主臂长										
	16.5	19.5	22.5	25.5	28.5	31.5	34.5	37.5	40.5	43.5	49.5
5	250.0	250.0	235.0	—	—	—	—	—	—	—	—
6	239.8	224.9	222.3	221.9	203.8	—	—	—	—	—	—
7	206.1	202.0	204.0	200.9	189.5	171.0	162.0	—	—	—	—
8	176.3	176.0	174.8	171.0	166.8	160.0	153.9	150.0	138.9	—	—
10	136.3	135.9	135.2	131.3	127.4	124.0	121.5	120.0	119.5	110.7	106.1
14	85.6	85.6	85.4	85.3	85.0	84.6	83.0	82.6	82.2	81.4	74.1
18	—	60.5	60.4	60.5	60.3	60.0	60.0	59.7	59.3	58.8	56.3
22	—	—	45.4	46.0	45.9	45.6	45.7	45.4	45.5	45.2	44.3

续表

幅度	主臂长										
	16.5	19.5	22.5	25.5	28.5	31.5	34.5	37.5	40.5	43.5	49.5
26	—	—	—	—	36.4	36.8	36.3	36.0	36.1	35.8	35.0
30	—	—	—	—	—	30.3	29.8	29.5	29.4	29.2	28.4
34	—	—	—	—	—	—	—	24.7	24.5	24.2	23.5

履带式起重机安全装置包括：急停开关（图1.3-4）、力矩限制器、角度指示牌、倾斜度显示器、电气安全报警装置（图1.3-5）、主臂防后倾安全装置（图1.3-6）、高度限位装置、钢丝绳过放保护装置（图1.3-7）、重量限制器。

图1.3-4　急停开关

图1.3-5　电气安全报警装置

图1.3-6　主臂防后倾安全装置

图1.3-7　钢丝绳过放保护装置

1. 履带式起重机承载力要求

起重机安全作业最重要的要求，就是要在结实的地面上作业，有能力支撑预计的对地压力。根据说明书要求进行地基处理，满足地基承载力要求。不能使起重机太靠近斜坡或沟渠，并且必须根据土壤的类别，保持一定的安全距离。安全距离必须从沟底算起，边坡安全距离示意图见图1.3-8。

在松软或回填土壤上的距离 $= 2 \times$ 沟深（$A_2 = 2 \times T$）。

在非松软的天然土壤上的距离 = 1 × 沟深（$A_1 = 1 \times T$）。

2. 履带式起重机地基承载力简易计算

地基所承受压力：$N = N_1 + N_2 + N_3 = 342.8t$。

式中：$N_1 = 100t$，吊物 + 吊索具；$N_2 = 170.8t$，履带式起重机自重；$N_3 = 72t$，配重。

履带受力面积：$S = 7.9 \times 1.221 \times 2 \approx 19.29$（m²）。

根据说明书，在最不利工况下的安全稳定系数为 1.5，$N_{maxt} = 342.8 \times 1.5 = 514.2t$。

履带式起重机对地面的最大载荷：

$$P = 514.2 \times 10/19.29 \approx 266.56（kPa）$$

案例：

事故原因是雨季导致地质松软湿滑，地基承载力不能满足安全吊装要求，导致大吨位履带式起重机侧翻，见图 1.3-9。

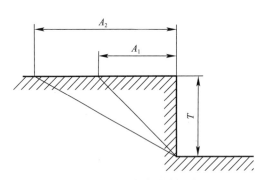

图 1.3-8 边坡安全距离示意图

图 1.3-9 大吨位履带式起重机侧翻

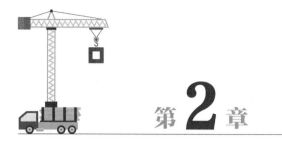

第2章

吊索具

2.1 钢丝绳

1. 钢丝绳结构

钢丝绳结构见图 2.1-1。

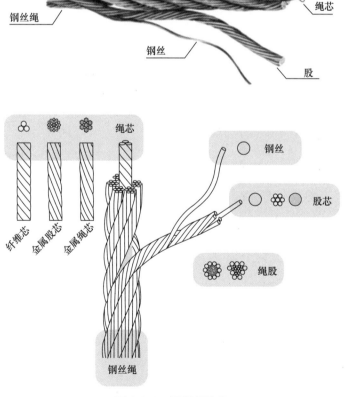

图 2.1-1 钢丝绳结构

2. 钢丝绳的标记

钢丝绳标记应由公称直径、钢丝表面状态、钢丝绳结构、绳芯类型、公称抗拉强度、捻向类型、最小破断拉力及单位长度重量组成，钢丝绳的标记见图2.1-2。

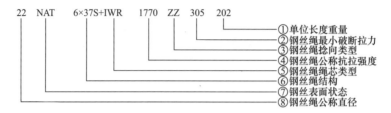

图2.1-2 钢丝绳的标记

3. 钢丝绳性能与规格

吊装钢丝绳一般选用《重要用途钢丝绳》GB 8918—2006中推荐的钢丝绳。

常用钢丝绳技术性能与规格如下：

6×37类钢丝绳截面结构见图2.1-3，6×37S+FC、6×37S+IWR类钢丝绳力学性能见表2.1-1。35W×7类钢丝绳截面结构见图2.1-4，35W×7、24W×7类钢丝绳力学性能见表2.1-2。4V×39类钢丝绳截面结构见图2.1-5，4V×39S+5FC、4V×48S+5FC类钢丝绳力学性能见表2.1-3。

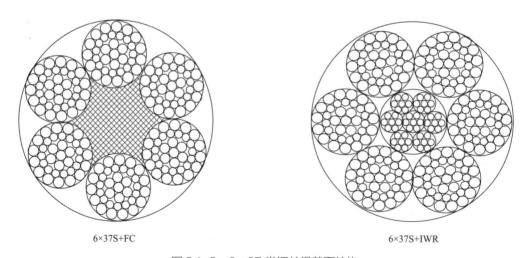

图2.1-3 6×37类钢丝绳截面结构

6×37S+FC、6×37S+IWR 类钢丝绳力学性能　　　　　　　　　　表 2.1-1

钢丝绳公称直径		钢丝绳参考重量（kg/100m）			钢丝绳公称抗拉强度（MPa）									
					1570		1670		1770		1870		1960	
					钢丝绳最小破断拉力（kN）									
D（mm）	允许偏差（%）	天然纤维芯钢丝绳	合成纤维芯钢丝绳	钢芯钢丝绳	纤维芯钢丝绳	钢芯钢丝绳	纤维芯钢丝绳	钢芯钢丝绳	纤维芯钢丝绳	钢芯钢丝绳	纤维芯钢丝绳	钢芯钢丝绳	纤维芯钢丝绳	钢芯钢丝绳
20	+50	152	148	167	207	224	220	238	234	252	247	266	259	279
22		184	180	202	251	271	267	288	283	305	299	322	313	338
24		219	214	241	298	322	317	342	336	363	355	383	373	402
26		257	251	283	350	378	373	402	395	426	417	450	437	472
28		298	291	328	406	438	432	466	458	494	484	522	507	547
30		342	334	376	466	503	496	535	526	567	555	599	582	628
32		389	380	428	531	572	564	609	598	645	632	682	662	715
34		439	429	483	599	646	637	687	675	728	713	770	748	807
36		492	481	542	671	724	714	770	757	817	800	863	838	904
38		549	536	604	748	807	796	858	843	910	891	961	934	1010
40		608	594	669	829	894	882	951	935	1010	987	1070	1030	1120
42		670	654	737	914	986	972	1050	1030	1110	1090	1170	1140	1230
44		736	718	809	1000	1080	1070	1150	1130	1220	1190	1290	1250	1350
46		804	785	884	1100	1180	1170	1260	1240	1330	1310	1410	1370	1480
48		876	855	963	1190	1290	1270	1370	1350	1450	1420	1530	1490	1610
50		950	928	1040	1300	1400	1380	1490	1460	1580	1540	1660	1620	1740
52		1030	1000	1130	1400	1510	1490	1610	1580	1700	1670	1800	1750	1890
54		1110	1080	1220	1510	1630	1610	1730	1700	1840	1800	1940	1890	2030
56		1190	1160	1310	1620	1750	1730	1860	1830	1980	1940	2090	2030	2190
58		1280	1250	1410	1740	1880	1850	2000	1960	2120	2080	2240	2180	2350
60		1370	1340	1500	1870	2010	1980	2140	2100	2270	2220	2400	2330	2510

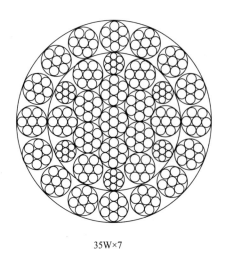
35W×7

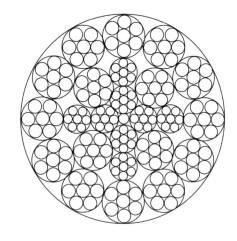
24W×7

图 2.1-4　35W×7 类钢丝绳截面结构

35W×7、24W×7 类钢丝绳力学性能　　　　　　表 2.1-2

钢丝绳公称直径		钢丝绳参考重量 (kg/100m)	钢丝绳公称抗拉强度（MPa）				
D (mm)	允许偏差 (%)		1570	1670	1770	1870	1960
			钢丝绳最小破断拉力（kN）				
16	+50	118	145	154	163	172	181
18		149	183	195	206	218	229
20		184	226	240	255	269	282
22		223	274	291	308	326	342
24		265	326	346	367	388	406
26		311	382	406	431	455	477
28		361	443	471	500	528	553
30		414	509	541	573	606	635
32		471	579	616	652	689	723
34		532	653	695	737	778	816
36		596	732	779	826	872	914
38		664	816	868	920	972	1020
40		736	904	962	1020	1080	1130
42		811	997	1060	1120	1190	1240
44		891	1090	1160	1230	1300	1370
46		973	1200	1270	1350	1420	1490
48		1060	1300	1390	1470	1550	1630
50		1150	1410	1500	1590	1680	1760
52		1240	1530	1630	1720	1820	1910
54		1340	1650	1750	1860	1960	2060
56		1440	1770	1890	2000	2110	2210
58		1550	1900	2020	2140	2260	2370
60		1660	2030	2160	2290	2420	2540

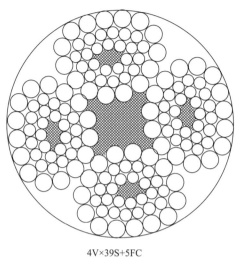
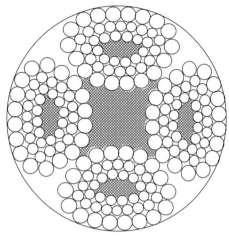

4V×39S+5FC
直径：16~36mm

4V×39S+5FC
直径：20~40mm

图 2.1-5　4V×39 类钢丝绳截面结构

表 2.1-3　4V×39S+5FC、4V×48S+5FC 类钢丝绳力学性能

钢丝绳公称直径		钢丝绳参考重量（kg/100m）		钢丝绳公称抗拉强度（MPa）				
				1570	1670	1770	1870	1960
D（mm）	允许偏差（%）	天然纤维芯钢丝绳	合成纤维芯钢丝绳	钢丝绳最小破断拉力（kN）				
16	+60	105	103	145	154	163	172	181
18		133	130	183	195	206	218	229
20		164	161	226	240	255	269	282
22		198	195	274	291	308	326	342
24		236	232	326	346	367	388	406
26		277	272	382	406	431	455	477
28		321	315	443	471	500	528	553
30		369	362	509	541	573	606	635
32		420	412	579	616	652	689	723
34		474	465	653	695	737	778	816
36		531	521	732	779	826	872	914
38		592	580	816	868	920	972	1020
40		656	643	904	962	1020	1080	1130

4. 不同编插方式

（1）钢丝绳金属套管压制连接（《钢丝绳铝合金压制接头》GB/T 6946—2008）

1）采用套环时，包络套环的钢绳不得有松股现象，应贴合紧密，平整。接头形式见图 2.1-6。

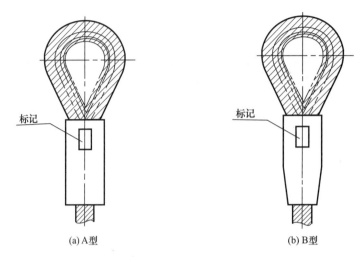

图 2.1-6　接头形式

2）当无套环时，接头到绳套内边的距离 L 必须大于或等于 3 倍的吊宽度 B 或 15 倍钢丝绳直径 d，接头距离示意图见图 2.1-7。

（2）钢丝绳插接连接（《塔式起重机安全规程》GB 5144—2006）

1）插接连接强度不小于该绳最小破断拉力的 75%。

2）插接绳股应拉紧，凸出部分应光滑平整，且应在插接末尾留出适当长度，用金属丝扎牢。

3）当采用插接时，编结长度不得小于钢丝绳直径的 20 倍，并不应小于 300mm。编结长度示意图见图 2.1-8。

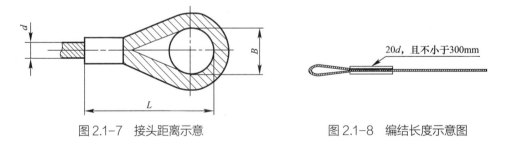

图 2.1-7　接头距离示意　　　　图 2.1-8　编结长度示意图

（3）钢丝绳绳夹固接（《钢丝绳夹》GB 5976—2006）

1）当采用绳夹固接时，钢丝绳绳夹数量见表 2.1-4 的要求。

钢丝绳绳夹数量   表 2.1-4

绳夹规格（钢丝绳公称直径）d_r（mm）	钢丝绳夹的最小数量（组）
≤18	3
>18～26	4
>26～36	5
>36～44	6
>44～60	7

2）钢丝绳夹压板应在钢丝绳受力绳一边，绳夹间距 A 等于 6～7 倍钢丝绳直径。绳夹布置示意图见图 2.1-9。

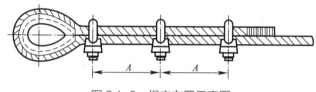

图 2.1-9　绳夹布置示意图

3）U 形螺栓应置于钢丝绳较短部分（尾段），并按设计给定的扭矩拧紧，且连接强度应不小于钢丝绳自身强度的 80%。

5. 钢丝绳受力计算（《一般用途钢丝绳吊索特性和技术条件》GB/T 16762—2020）

（1）单肢吊索额定工作载荷：

$$WLL = \frac{F_0 \times K_e}{K_m \times K_u}$$

式中：WLL——吊索额定工作载荷；

F_0——钢丝绳最小破断拉力；

K_e——接头形式效能近似系数，压制接头取 0.9，插编接头取 0.75；

K_u——安全系数，一般取 5；

K_m——吨（t）与千牛（kN）的换算系数，取值为 9.80665。

经供需双方协商，可选取不同的 K_e 或 K_u 值，并在合同中注明 K_e 或 K_u 的确切数值。

（2）多肢组装吊索额定工作载荷：

$$WLL' = k^a \cdot WLL$$

式中：WLL——单肢吊索额定工作载荷；

　　　WLL'——多肢吊索额定工作载荷；

　　　k^a——多肢吊索计算系数。

多肢吊索计算系数见表 2.1-5，多肢吊索类型简图见图 2.1-10。

多肢吊索计算系数　　　　　　表 2.1-5

两肢对应吊索间的夹角 α	单肢吊索与竖直方向之间的夹角 β	额定工作载荷计算系数 K^a		
		单肢吊索数量		
		两肢	三肢	四肢
α≤90°	β≤45°	1.4	2.1	2.1
90°<α≤120°	45°<β≤60°	1.0	1.5	1.5

注：a 适用于被吊物的重心与吊索的中心线基本在同一垂直线上的情况。

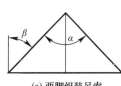　　

(a) 两脚组装吊索　　　(b) 三肢组装吊索　　　(c) 四脚组装吊索

图 2.1-10　多肢吊索类型简图

6. 钢丝绳报废标准（《起重机　钢丝绳　保养、维护、检验和报废》GB/T 5972—2023）

（1）断丝达到一定数量，立即报废，断丝见图 2.1-11。以 6×19M-WSC 单层股钢丝绳为例，单层股钢丝绳和平行捻密实钢丝绳达到报废程度时的最少可见断丝数见表 2.1-6。

图 2.1-11　断丝

单层股钢丝绳和平行捻密实钢丝绳达到报废程度时的最少可见断丝数　表 2.1-6

钢丝绳类别编号 RCN	外层股中承载钢丝的总数[a] n	可见外部断丝的数量[b]					
		在钢制滑轮上工作/单层缠绕在卷筒上的钢丝绳区段（钢丝断裂随机分布）				多层缠绕在卷筒上的钢丝绳区段[c]	
		工作级别 M1～M4（ISO 4301-1：1986）或未知级别[d]				所有工作级别	
		交互捻		同向捻		交互捻和同向捻	
		$6d^e$ 长度范围内	$30d^e$ 长度范围内	$6d^e$ 长度范围内	$30d^e$ 长度范围内	$6d^e$ 长度范围内	$30d^e$ 长度范围内
01	$n\leqslant 50$	2	4	1	2	4	8
02	$51\leqslant n\leqslant 75$	3	6	2	3	6	12
03	$76\leqslant n\leqslant 100$	4	8	2	4	8	16
04	$101\leqslant n\leqslant 120$	5	10	2	5	10	20
05	$121\leqslant n\leqslant 140$	6	11	3	6	12	22
06	$141\leqslant n\leqslant 160$	6	13	3	6	12	26
07	$161\leqslant n\leqslant 180$	7	14	4	7	14	28
08	$181\leqslant n\leqslant 200$	8	16	4	8	16	32
09	$201\leqslant n\leqslant 220$	9	18	4	9	18	36
10	$221\leqslant n\leqslant 240$	10	19	5	10	20	38
11	$241\leqslant n\leqslant 260$	10	21	5	10	20	42
12	$261\leqslant n\leqslant 280$	11	22	6	11	22	44
13	$281\leqslant n\leqslant 300$	12	24	6	12	24	48
14	$n>300$	$0.04n$	$0.08n$	$0.02n$	$0.04n$	$0.08n$	$0.16n$

注：对于外层股为西鲁式结构且每股的钢丝数≤19 的钢丝绳（例如，6×19S），在表中的取值位置为其"外层股中承载钢丝总数"所在行之上的第二行。

[a]　填充钢丝不作为承载钢丝，因而不包括在 n 值之中。

[b]　一根断丝有两个断头。

[c]　这些数值适用于交叉重叠区域和由于钢丝绳偏角影响的缠绕绳圈之间干涉引起的劣化（不适用于只在滑轮上工作而不在卷筒上缠绕的区段）。

[d]　机构的工作级别为 M5～M8 时（ISO 4301-1：1986），断丝数可表中数值的 2 倍。

[e]　d——钢丝绳公称直径。

（2）断股（图 2.1-12），立即报废。

（3）笼状畸变（图 2.1-13），立即报废；

图 2.1-12　断股

图 2.1-13　笼状畸变

（4）绳芯挤出（图2.1-14），立即报废；

（5）压扁严重（图2.1-15），立即报废；

图2.1-14　绳芯挤出

图2.1-15　压扁严重

（6）弯折严重（图2.1-16），立即报废；

（7）扭结（图2.1-17），立即报废；

图2.1-16　弯折严重

图2.1-17　扭结

（8）腐蚀严重（图2.1-18），表面有严重凹坑，钢丝非常松弛，钢丝之间出现间隙，立即报废；

（9）内部腐蚀（图2.1-19），立即报废。

图2.1-18　腐蚀严重

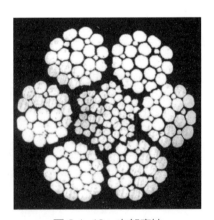

图2.1-19　内部腐蚀

7. 钢丝绳断绳事故（图2.1-20）

断绳事故是指钢丝绳因破断造成的重物失落事故。造成钢丝绳破断的主要原因：

1）超载起吊拉断钢丝绳。由于作业人员对吊物的重量不清楚（如吊物部分被埋在地下、冻结地面上，地脚螺栓未松开等），贸然起吊，发生超负荷，拉断吊索具。

2）斜吊、斜拉造成乱绳挤伤切断钢丝绳，或由于歪拉斜吊发生超负荷而拉断吊索具。

3）钢丝绳因长期使用，又缺乏维护保养造成疲劳变形、磨损损伤等，达到或超过报废标准仍然使用造成的破坏事故。

图 2.1-20　断绳事故

2.2　吊装带

1. 吊装带基本结构

吊装带是由吊装带本体、两端软环、端配件等组成，不同类型的配置有所不同。

吊装带（图 2.2-1）的本体部分由承载芯和耐磨套管组成，耐磨套管不承载，只起保护作用，增加吊装带使用寿命。吊装带的软环是连接吊装带的设备，有些配置了专业的配件，易于连接。

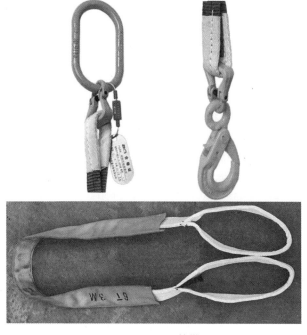

图 2.2-1　吊装带

2. 吊装带分类

（1）按形状可分为圆形吊装带（图 2.2-2）和扁平吊装带（图 2.2-3）。

图 2.2-2　圆形吊装带

图 2.2-3　扁平吊装带

（2）按用途可分为耐酸吊装带、耐碱吊装带、高强吊装带、高强纤维吊装带和防腐吊装带等。

（3）按使用方式可分为牵引带、起重吊装带等。不同生产厂家对吊装带的分类有所不同，但都必须符合相应标准规范的要求。

（4）按照材质可分为聚酰胺（PA）吊装带、聚酯（PES）吊装带和聚丙烯（PP）吊装带等，并在吊装带的标签上以不同的颜色标示其材质，绿色为聚酰胺、蓝色为聚酯、棕色为聚丙烯。

3. 吊装带的主要规格和技术性能

我国将常用的吊装带分为一般用途合成纤维扁平吊装带和圆形吊装带，并制定了相关的标准，即《编织吊索　安全性　第 1 部分：一般用途合成纤维扁平吊装带》JB/T 8521.1—2007 和《编织吊索　安全性　第 2 部分：一般用途合成纤维圆形吊装带》JB/T 8521.2—2007。

常用编织扁平吊装带的极限工作载荷和颜色代号见图 2.2-4。

多肢吊装方式参考钢丝绳多肢吊装方式的系数。

4. 注意事项

（1）工作温度应满足不同材质吊装带要求，聚酯及聚酰胺吊装带工作温度为 $-40 \sim 100℃$，聚丙烯吊装带的工作温度为 $-40 \sim 80℃$。但在低温、潮湿环境下，吊装带不允许淋湿，以免内部形成割口及磨损，损伤吊装带的内部结构。

（2）工作环境一般要求无酸碱介质，不允许含有腐蚀性的化学物品（如酸、碱等）

接触，但特殊定制的吊装带除外。吊装带弄脏或在有酸、碱倾向的环境中使用后，应立即清洗干净。

扁平吊带		极限工作力(t)			<7°	a>7° a<45°	a>45° a<60°
柔性吊带							
代码	色码						
101	紫色	1	1	0.8	2	1.4	1
020	绿色	2	2	1.6	4	2.8	2
030	黄色	3	3	2.4	6	4.2	3
040	灰色	4	4	3.2	8	5.6	4
050	红色	5	5	4	10	7	5
060	棕色	6	6	4.8	12	8.4	6
080	蓝色	8	8	6.4	16	11.2	8
100	桔色	10	10	8	20	14	10
150	桔色	15	15	12	30	21	15
200	桔色	20	20	16	40	28	20
300	桔色	30	30	24	60	42	30
500	桔色	50	50	40	100	70	50
800	桔色	80	80	64	160	112	80
1000	桔色	100	100	80	200	140	100

图 2.2-4　常见编织扁平吊装带的极限工作载荷和颜色代号

（3）当被吊装物品有棱角时，必须采取防护措施，见图 2.2-5。

圆角可不加保护套　　锐角边应加保护套　　正确

图 2.2-5　防护措施

（4）吊装带作业时，将吊装带挂入吊钩的受力中心位置，严禁挂到钩尖部位。四根吊装带使用时，每两根吊装带直接挂入双钩内，注意钩内吊装带不能产生重叠和相互挤压，吊装带要对称于吊钩受力中心。吊装带的使用示意图见图 2.2-6。

（5）确认吊装带所能承载的重量和长度，并采用正确的吊装方式及系数。

（6）应正确选择吊点，提升前应确认捆绑是否牢固。必须进行试吊，确认稳妥后再继续下一步作业。

（7）使用时吊装带禁止打结、交叉扭转，承载时不准转动货物使吊装带打拧，见图 2.2-7。

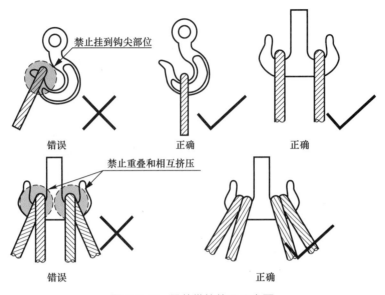

图 2.2-6　吊装带的使用示意图

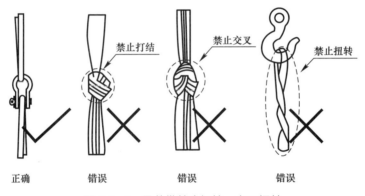

图 2.2-7　吊装带禁止打结、交叉扭转

图 2.2-8　禁止拖拉吊装带

（8）吊装带在工作时，不准拖拉吊装带，以防损坏吊装带，见图 2.2-8。

（9）使用吊装带吊装物品时，不允许长时间悬吊货物。

（10）不允许超负荷使用吊装带，如同时使用几支吊装带，应尽可能使负荷均布在几支吊装带上，见图 2.2-9。

（11）不允许将软环同任何可能对其造成损坏的装置连接起来，软环连接的吊挂装置应是平滑、无任何尖锐的边缘，其尺寸和形状不应撕开吊装带缝合处。

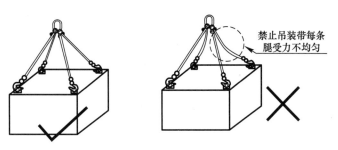

图 2.2-9　禁止吊装带每条腿受力不均匀

（12）使用带有软环眼的吊装带时，用于和吊钩相连的吊装带环眼的最小长度不小于吊钩受力点处最大厚度的 3.5 倍；同时无论何种情况，吊装带环眼形成的角度不应超过 20°，见图 2.2-10。

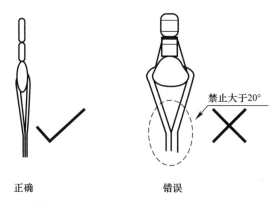

图 2.2-10　吊装带环眼形成的角度不应超过 20°

（13）使用吊装带时，由于吊钩的弯曲部分使扁平吊装带在宽度方向不能均匀承载。吊钩直径太小时，与织带环眼结合得不充分，应采用正确的连接件连接，见图 2.2-11。

图 2.2-11　正确的连接方式

（14）不得将被吊物压在吊装带上，更不允许将吊装带从物品下强行拖拉，见图 2.2-12。

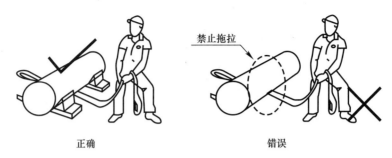

图 2.2-12 禁止拖拉

（15）吊装管子时，应采用双匝扣圈方式连接，以免管子滑落，见图 2.2-13。

（16）成套索具吊装时应避免吊装角度超过 60°，见图 2.2-14。

（17）使用完毕后吊装带应悬挂存放，见图 2.2-15。

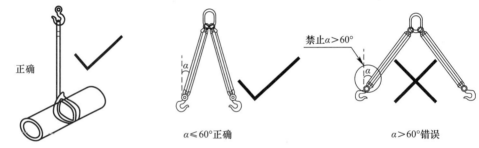

图 2.2-13 采用双匝扣圈方式连接　　　图 2.2-14 应避免吊装角度超过 60°

图 2.2-15 悬挂存放

5. 吊装带报废（图 2.2-16）

吊装带在使用过程中，有下列情况之一时，应予以报废：

（1）织带（含保护套）严重磨损、穿孔、切口、撕断，吊装带出现死结。

（2）承载接缝绽开、缝线磨断，纤维表面粗糙易于剥落。

（3）由于时间原因和环境影响，吊装带纤维软化、老化、弹性变小、强度减弱。

（4）吊装带表面有过多的点状疏松、腐蚀、酸碱烧损以及热熔化或烧焦。

（5）带有红色警戒线吊装带的警戒线裸露。

（6）对于吊装带的标签丢失，同时标识严重磨损造成吊装带额定起吊重量难以辨认和确定的，应作报废处理。

（7）若扁平吊装带的表面出现磨损起丝而未离断时应降级使用，但是只要有一处的断裂面达到带宽的 1/4 时都应作报废处理。

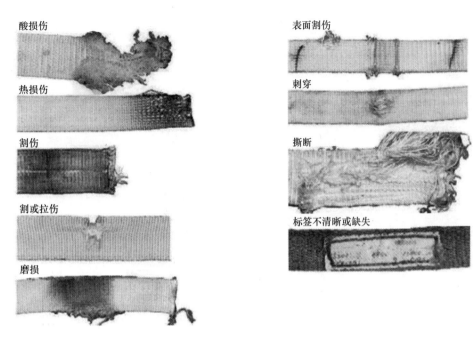

图 2.2-16　吊装带报废

6. 不正确使用的情形

（1）吊装带扭转、叠压、打结，以及吊装带或吊钩选取不正确，见图 2.2-17。

（2）吊装带在棱角处未做保护，见图 2.2-18。

（3）使用汽车起重机拖拽被重物压着的吊装带，见图 2.2-19。

图 2.2-17　不正确使用（一）

图 2.2-18　不正确使用（二）

（4）使用单根吊装带，管处于不稳定状态，且同时等高度起吊两件重物，有相互影响，或碰撞到吊装带的可能，见图 2.2-20。

图 2.2-19 不正确使用（三）

图 2.2-20 不正确使用（四）

2.3 卸扣

1. 卸扣形式

卸扣又称卸甲、卡扣或卡环，其使用便捷、安全可靠，是起重作业中广泛使用的连接工具。

我国执行的标准为《一般起重用 D 形和弓形锻造卸扣》GB/T 25854—2010。弓形锻造卸扣示意图如图 2.3-1 所示，D 形锻造卸扣示意图如图 2.3-2 所示。

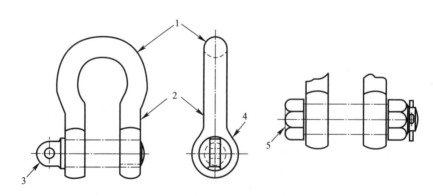

1—扣顶；2—扣体；3—W 型销轴（带孔和台肩的螺纹销轴）；4—环眼；
5—X 型销轴（六角头螺栓型销轴，六角螺母和开口销）

图 2.3-1 弓形锻造卸扣示意图

2. 卸扣销轴形式

卸扣的销轴分为以下四种形式：

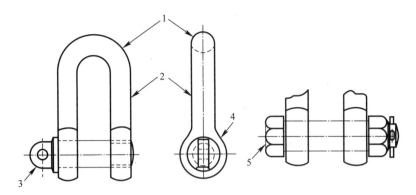

1—扣顶；2—扣体；3—W 型销轴（带孔和台肩的螺纹销轴）；4—环眼；
5—X 型销轴（六角头螺栓型销轴，六角螺母和开口销）

图 2.3-2　D 形锻造卸扣示意图

（1）W 型带环眼和台肩的螺纹销轴，见图 2.3-3。

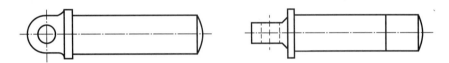

图 2.3-3　W 型销轴示意图

（2）X 型六角头螺栓、六角螺母和开口销，见图 2.3-4。

图 2.3-4　X 型销轴示意图

（3）Y 型沉头螺钉，见图 2.3-5。

（4）Z 型在不削弱卸扣强度的情况下采用的其他形式的销轴。

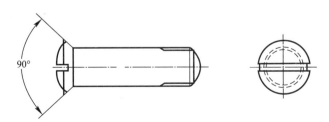

图 2.3-5　Y 型销轴示意图

3. 卸扣型号及技术参数

（1）型号表示方法

卸扣型号的表示方法见图 2.3-6。

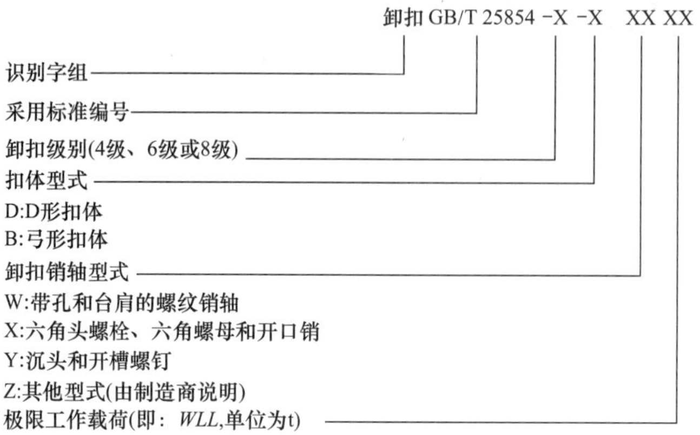

```
卸扣 GB/T 25854 -X -X  XX XX
     识别字组
     采用标准编号
     卸扣级别(4级、6级或8级)
     扣体型式
     D:D形扣体
     B:弓形扣体
     卸扣销轴型式
     W:带孔和台肩的螺纹销轴
     X:六角头螺栓、六角螺母和开口销
     Y:沉头和开槽螺钉
     Z:其他型式(由制造商说明)
     极限工作载荷(即：WLL,单位为t)
```

图 2.3-6　卸扣型号的表示方法

标记示例：

销轴为 W 型，极限工作载荷 20t 的 M4 级 D 形卸扣，标记为：卸扣 GB/T 25854—4-DW20

销轴为 X 型，极限工作载荷 10t 的 T8 级弓形卸扣，标记为：卸扣 GB/T 25854—8-BX10

（2）卸扣技术参数

D 形卸扣的基本尺寸见表 2.3-1，弓形卸扣的基本尺寸见表 2.3-2。

D 形卸扣的基本尺寸　　　　表 2.3-1

极限工作载荷 WLL（t）			d_{max}（mm）	D_{max}（mm）	e_{max}（mm）	S_{min}（mm）	W_{min}（mm）
M（4）级	S（6）级	T（8）级					
0.32	0.5	0.63	8	9	19.8	18	9
0.4	0.63	0.8	9	10	22	20	10
0.5	0.8	1	10	11.2	24.64	22.4	11.2
0.63	1	1.25	11.2	12.5	27.5	25	12.5
0.8	1.25	1.6	12.5	14	30.8	28	14
1	1.6	2	14	16	35.2	31.5	16

续表

极限工作载荷 WLL（t）			d_{max} (mm)	D_{max} (mm)	e_{max} (mm)	S_{min} (mm)	W_{min} (mm)
M（4）级	S（6）级	T（8）级					
1.25	2	2.5	16	18	39.6	35.5	18
1.6	2.5	3.2	18	20	44	40	20
2	3.2	4	20	22.4	49.28	45	22.4
2.5	4	5	22.4	25	55	50	25
3.2	5	6.3	25	28	61.8	56	28
4	6.3	8	28	31.5	69.3	63	31.5
5	8	10	31.5	35.5	78.1	71	35.5
6.3	10	12.5	35.5	40	88	80	40
8	12.5	16	40	45	99	90	45
10	16	20	45	50	110	100	50
12.5	20	25	50	56	123.2	112	56
16	25	32	56	63	138.6	125	63
20	32	40	63	71	150.2	140	71
25	40	50	71	80	178	160	80
32	50	63	80	90	198	180	90
40	63	—	90	100	220	200	100
50	80	—	100	112	246.4	224	112
63	100	—	112	125	275	250	125
80	—	—	125	140	308	280	140
100	—	—	140	160	352	315	160

弓形卸扣的基本尺寸　　　　　　　　　　表2.3-2

极限工作载荷 WLL（t）			d_{max} (mm)	D_{max} (mm)	e_{max} (mm)	$2r_{min}$ (mm)	S_{min} (mm)	W_{min} (mm)
M（4）级	S（6）级	T（8）级						
0.32	0.5	0.63	9	10	22	16	22.4	10
0.4	0.63	0.8	10	11.2	24.64	18	25	11.2
0.5	0.8	1	11.2	12.5	27.5	20	28	12.5
0.63	1	1.25	12.5	14	30.8	22.4	31.5	14

续表

极限工作载荷 WLL（t）			d_{max}（mm）	D_{max}（mm）	e_{max}（mm）	$2r_{min}$（mm）	S_{min}（mm）	W_{min}（mm）
M（4）级	S（6）级	T（8）级						
0.8	1.25	1.6	14.5	16	35.2	25	35.5	16
1	1.6	2	16	18	39.6	28	40	18
1.25	2	2.5	18	20	44	31.6	45	20
1.6	2.5	3.2	20	22.4	49.28	35.5	50	22.4
2	3.2	4	22.4	25	55	40	56	25
2.5	4	5	25	28	61.8	45	63	28
3.2	5	6.3	28	31.5	69.3	50	71	31.5
4	6.3	8	31.5	35.5	78.1	56	80	35.5
5	8	10	35.5	40	88	63	90	40
6.3	10	12.5	40	45	99	71	100	45
8	12.5	16	45	50	110	80	112	50
10	16	20	50	56	123.2	90	125	56
12.5	20	25	56	63	138.6	100	140	63
16	25	32	63	71	156.2	112	160	71
20	32	40	71	80	176	125	180	80
25	40	50	80	90	198	140	200	90
32	50	63	90	100	220	160	224	100
40	63	—	100	112	246.4	180	250	112
50	80	—	112	125	275	200	280	125
63	100	—	125	140	308	224	315	140
80	—	—	140	160	352	224	355	160
100	—	—	160	180	396	280	400	180

4．卸扣的使用及报废标准

（1）卸扣使用

1）卸扣在使用时，应注意卸扣的受力方向，不横向受力，否则会使卸扣的使用承载力大大下降，必须调整后使用。卸扣受力区域示意图见图2.3-7，卸扣使用示意图见图2.3-8。

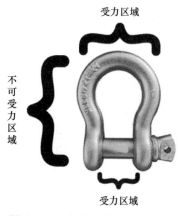
图 2.3-7 卸扣受力区域示意图

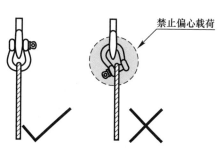
图 2.3-8 卸扣使用示意图

2)卸扣在与钢丝绳索具配套作为捆绑索具使用时,卸扣的横销部分应与钢丝绳索具的索眼连接,避免在索具提升时钢丝绳与卸扣发生摩擦,使得卸扣转动,有脱离的危险,见图 2.3-9。

3)卸扣承载的两腿索具间的最大夹角不能大于 120°,见图 2.3-10。

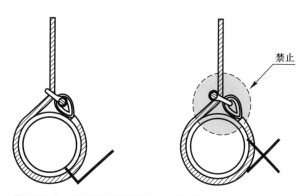
图 2.3-9 卸扣的横销部分应与钢丝绳索具的索眼连接

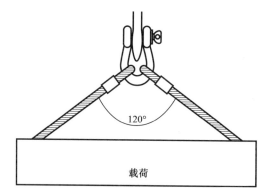
图 2.3-10 卸扣承载的两腿索具间的最大夹角不能大于 120°

4）卸扣要正确地支撑着荷载，即作用力要沿着卸扣的轴线，避免弯曲、不稳的荷载，更不可过载，见图2.3-11。

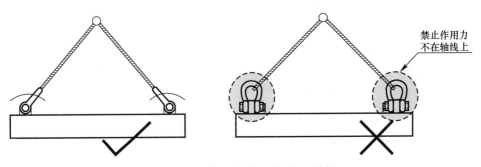

图2.3-11　作用力要沿着卸扣的轴线

5）卸扣不应超负荷使用。D形卸扣主要用于单肢索具；B形卸扣主要用于多肢索具。BW型、DW型卸扣主要用于索具不会带动销轴旋转的场合；BX型、DX型卸扣主要用于可能使销轴旋转的场合及长期安装的场合。

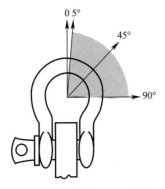

图2.3-12　卸扣受力区域和角度

6）在安装横销轴时，螺纹旋紧后应回旋半扣，防止螺纹旋紧后受力方向相同，使销轴难以拆卸。

7）起吊作业进行完毕后，要及时卸下卸扣，并将卸扣横销插入弯环内，上满螺纹，以保证卸扣完整无损。

8）卸扣受力不垂直于轴线时，应进行载荷折减，卸扣受力角度折减见表2.3-3，卸扣受力区域和角度见图2.3-12。

卸扣受力角度折减　　　　　　　表2.3-3

受力角度	载荷折减率（%）
0°～5°	不折减
6°～45°	30
45°～90°	50
≥90°	不允许使用

（2）卸扣保养和报废

1）卸扣上的螺纹，要及时涂油，保证其润滑、不生锈。

2）当卸扣任何部位产生裂纹、塑性变形、螺纹脱扣、销轴和卸扣体断面磨损达原尺寸的 3%～5% 时应报废。具体来说，卸扣出现下列情况之一时，应报废：

① 卸扣扣体扭曲超过 10°；

② 卸扣扣体或销轴变形超过名义尺寸的 15%；

③ 卸扣锈蚀和磨损超过名义尺寸的 10%；

④ 卸扣扣体或销轴经目视检查或无损检测有裂纹。

2.4 链条

1. 链条结构形式

链条是以金属链环连接而成的索具，具有耐磨、耐高温、延展性低、易弯曲、使用寿命长等优点，适用于大规模、频繁使用的场合。链条结构示意图见图 2.4-1。

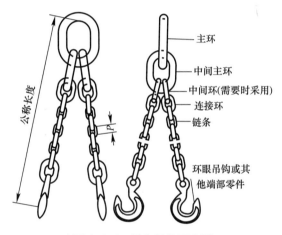

图 2.4-1 链条结构示意图

（1）吊索公称长度：尚未使用的吊索在无载荷状态下，上下端承载点间的距离。

（2）主环：直接连接到起重机吊钩上的端部配件。

（3）中间主环：用于将两个或更多吊索分肢连接到主环上的链环。

（4）中间环：用于连接端部配件与连接环之间的链环。

（5）连接环：装在链条端部的链环，直接或通过中间环将链条连接在端部配件上。

（6）链环的内长度：链条节距 P。

2. 分类

（1）按表面状态可分为：镀锌链条和喷漆链条等。

(2)按照原材料可分为：合金钢链、不锈钢链等。

(3)按强度级别可分为：M4级、S6级和T8级等。

(4)锚链按形式可分为：有挡锚链和无挡锚链。

3. 链条性能

M（4）级、S（6）级、T（8）级焊接吊链试验要求和极限工作载荷如表2.4-1～表2.4-3所示。

M（4）级焊接吊链试验要求和极限工作载荷　　　表2.4-1

名义直径（mm）	整根链条所承受的验证力（kN）	最小破断力（kN）	极限工作载荷（t）	名义直径（mm）	整根链条所承受的验证力（kN）	最小破断力（kN）	极限工作载荷（t）
5	7.9	15.8	0.4	45	637	1274	32
6.3	12.5	25	0.63	6	11.4	22.8	0.57
7.1	15.9	31.8	0.8	7	15.4	30.8	0.78
8	20.2	40.4	1.0	8.7	23.8	47.6	1.2
9	25.5	51	1.25	9.5	28.4	56.8	1.4
10	31.5	63	1.6	10.3	33.4	66.8	1.7
11.2	39.5	79	2.0	11	38.1	76.2	1.9
12.5	49.1	98.2	2.5	12	45.3	90.6	2.3
14	63	126	3.2	13	54	108	2.7
16	81	162	4.0	13.5	58	116	2.9
18	102	204	5.0	16.7	88	176	4.4
20	126	252	6.3	19	114	228	5.7
22.4	158	316	8.0	20.6	134	268	6.8
25	197	394	10	25.4	203	406	10.3
28	247	494	12.5	30	283	566	14.4
32	322	644	16	41.3	536	1072	27.3
36	408	816	20	46	665	1330	33.9
40	503	1006	25				

注：暂用附加尺寸

4. 注意事项

(1)链条及链条索具在使用前，须看清标牌上的工作载荷及适用范围，严禁超载使用，并对链条索具做目测检查，符合要求后方可使用。

S（6）级焊接吊链试验要求和极限工作载荷　　　　表2.4-2

名义直径（mm）	整根链条所承受的验证力（kN）	最小破断力（kN）	极限工作载荷（t）	名义直径（mm）	整根链条所承受的验证力（kN）	最小破断力（kN）	极限工作载荷（t）
5	12.4	24.8	0.63	40	792	1584	40
6.3	19.7	39.4	1.0	45	1002	2004	50
7.1	25	50	1.25	6	17.9	35.8	0.9
8	31.7	63.4	1.6	7	24.3	48.6	1.2
9	40.1	80.2	2.0	8.7	37.5	75	1.9
10	49.5	99	2.5	9.5	44.7	89.4	2.2
11.2	63	126	3.2	10.3	53	106	2.6
12.5	79	158	4.0	11	60	120	3.0
14	99	198	5.0	12	72	144	3.6
16	127	254	6.3	13	84	168	4.2
18	161	322	8.0	13.5	91	182	4.5
20	198	396	10	16.7	138	276	7.0
22.4	249	498	12.5	19	179	358	9.1
25	314	628	16	20.6	210	420	10.7
28	393	786	20	25.4	320	640	16.2
32	507	1014	25	30	446	892	22.7
36	642	1284	32				

注：暂用附加尺寸

T（8）级焊接吊链试验要求和极限工作载荷　　　　表2.4-3

名义直径（mm）	整根链条所承受的验证力（kN）	最小破断力（kN）	极限工作载荷（t）	名义直径（mm）	整根链条所承受的验证力（kN）	最小破断力（kN）	极限工作载荷（t）
5	15.8	31.6	0.8	6	22.7	45.4	1.1
6.3	25	50	1.25	7	30.8	61.6	1.5
7.1	31.7	63.4	1.6	8.7	47.6	95.2	2.4
8	40.3	80.6	2.0	9.5	57	114	2.8
9	51	102	2.5	10.3	67	134	3.3
10	63	126	3.2	11	77	154	3.8
11.2	79	158	4.0	12	91	182	4.6
12.5	99	198	5.0	13	107	214	5.4
14	124	248	6.3	13.5	115	230	5.8

续表

名义直径（mm）	整根链条所承受的验证力（kN）	最小破断力（kN）	极限工作载荷（t）	名义直径（mm）	整根链条所承受的验证力（kN）	最小破断力（kN）	极限工作载荷（t）
16	161	322	8.0	45	1273	2546	63
18	204	408	10	16.7	176	352	8.9
20	252	504	12.5	19	227	454	11.5
22.4	316	632	16	20.6	267	534	13.5
25	393	786	20	22	305	610	15.5
28	493	986	25	26	425	850	21.6
32	644	1288	32	30	566	1132	28.8
36	815	1630	40	35	770	1540	39.2
40	1006	2012	50				

注：暂用附加尺寸

（2）提升重物前，首先应观察所使用的索具是否挂牢，是否舒展，严禁在索具打结时受力。

（3）承载链条索具禁止直接挂在起重机吊钩的钩件上或缠绕在吊钩上，如图2.4-2所示。

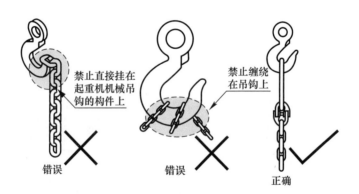

图2.4-2 承载链条索具禁止直接挂在起重吊钩的钩件上或缠绕在吊钩上

（4）链条之间禁止采用非正规连接件连接，如图2.4-3所示。

（5）在正常的使用情况下，吊装角度是影响载荷的关键，最大不准超过120°，否则将造成链条索具局部过载。

（6）在起吊有棱角的重物时，要对链条或被吊物体采取保护措施，尽量不要使链环横向受力，以免发生链条断裂。

（7）吊重时，严禁人员在吊物下工作或行走，起吊货物时，升、降、停要缓慢平稳，注意被吊物重心平衡，严禁使用冲击力，并不得长时间将重物悬挂在吊链上。

（8）在低温状态下作业，温度不低于-40℃；在-40℃到高温200℃时，可承受100%额载；在200℃到300℃时，可承受90%额载；在300℃到400℃时，可承受75%额载；超过400℃时，不能使用。

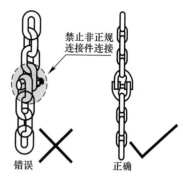

图2.4-3 链条之间禁止非正规连接件连接

5. 报废标准

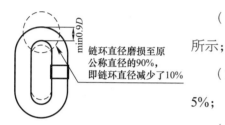

图2.4-4 链环直径磨损量达原直径的10%

（1）链环直径磨损量达原直径的10%，如图2.4-4所示；

（2）链环发生塑性变形，链环的内长度变形率达5%；

（3）链环出现裂纹、弯曲、扭曲或表面损伤现象；

（4）有开口度的端部配件，开口度比原尺寸增加10%。

2.5 真空吸盘

1. 工作原理

真空吸盘，又称真空吊具，其通气口与真空发生装置相接，当真空发生装置启动后，通气口通气，吸盘内部的空气被抽走，形成了压力为 $P2$ 的真空状态。此时，吸盘内部的空气压力低于吸盘外部的大气压力 $P1$，即 $P2<P1$，工件在外部压力的作用下被吸起，吸盘内部的真空度越高，吸盘与工件之间贴的越紧。吸盘工作原理示意图见图2.5-1。

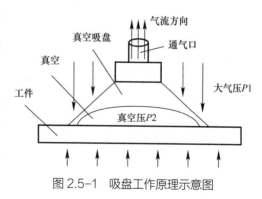

图2.5-1 吸盘工作原理示意图

2. 形状

吸盘的形状见表2.5-1。

吸盘的形状 表 2.5-1

形状	图示
平形 （工件表面平整无变形的场合）	吸盘
平形带肋 （工件易于变形的场合）	吸盘
深形 （工件表面为曲面的场合）	吸盘
风琴形 （没有安装缓冲空间的场合、工件的吸附面倾斜的场合）	吸盘

3. 真空吸盘力计算

真空吸盘吸取方式示意图如图 2.5-2 所示。

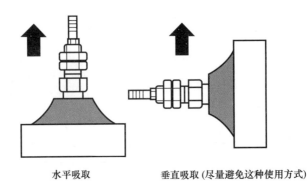

水平吸取　　　垂直吸取(尽量避免这种使用方式)

图 2.5-2　真空吸盘吸取方式示意图

真空吸盘力：

$$W = n \times P \times S \times 0.1 \times 1/t$$

式中：S——吸盘面积；

W——吸吊物的重量；

t——安全系数,水平 $t \geq 4$,垂直 $t \geq 8$;

n——吸盘个数;

P——吸盘的真空度。

理论吸力计算见表 2.5-2。

理论吸力计算　　　　表 2.5-2

吸盘尺寸(mm)		20×4	35×7	40×10	$\phi 2$	$\phi 4$	$\phi 6$	$\phi 8$	$\phi 10$	$\phi 13$	$\phi 16$	$\phi 20$	$\phi 25$	$\phi 32$	$\phi 40$	$\phi 50$
吸盘尺寸的面积(cm²)		0.07	0.21	0.36	0.031	0.126	0.283	0.503	0.785	1.33	2.01	3.14	4.91	8.04	12.6	19.6
真空度(kPa)	+85	0.60	1.78	3.06	0.264	1.07	2.41	4.28	6.67	11.3	17.1	26.7	41.7	68.3	107	167
	+80	0.56	1.68	2.88	0.248	1.01	2.26	4.02	6.28	10.6	16.1	25.1	39.3	64.3	101	157
	+75	0.53	1.57	2.70	0.233	0.945	2.12	3.77	5.89	9.98	15.1	23.6	36.8	60.3	94.5	147
	+70	0.49	1.47	2.52	0.217	0.882	1.98	3.52	5.50	9.31	14.1	22.0	34.4	56.3	88.2	137
	+65	0.46	1.36	2.34	0.202	0.819	1.84	3.27	5.10	8.65	13.1	20.4	31.9	52.3	81.9	127
	+60	0.42	1.26	2.16	0.186	0.756	1.70	3.02	4.71	7.98	12.1	18.8	29.5	48.2	75.6	118
	+55	0.39	1.15	1.98	0.171	0.693	1.56	2.77	4.32	7.32	11.1	17.3	20.0	44.2	69.3	108
	+50	0.35	1.05	1.80	0.155	0.630	1.42	2.52	3.93	6.65	10.1	15.7	24.6	40.2	63.0	98.0
	+45	0.32	0.94	1.62	0.140	0.567	1.27	2.26	3.53	5.99	9.05	14.1	22.1	36.2	56.7	88.2
	+40	0.28	0.84	1.44	0.124	0.504	1.13	2.01	3.14	5.32	8.04	12.6	19.6	32.2	50.4	78.4

注:理论吸力的单位为 N。

4. 注意事项

(1)吸盘应配备足够容量的真空装置,当吸吊光滑平整无渗透性,额定负载 4min 后,真空度的降低不得超过原真空度的 10%;

(2)当载荷吸附表面处于水平状态时,吸盘的额定起重量应不小于吸盘产生最大吸引能力的 50%;

(3)当载荷吸附表面处于铅垂状态时,吸盘的额定起重量应不大于吸盘产生最大吸引能力的 25%;

(4)应设置压力真空表和超载报警器,当吸附件质量超过吸盘额定起重量时,应有仪表显示和声光报警。

5. 报废标准

吸盘零部件出现下列情况之一时，应停止使用，如不能修复应报废：

（1）承载结构塑性变形、裂纹、断裂；

（2）真空系统密封损坏，软管压扁，真空度（或最大吸引能力）小于原设计要求；

（3）压力真空表和超载报警器失灵。

2.6 吊钩

吊钩是吊装作业中最常用的取物装置，是各类起重机上的重要组成部分，也是常用吊索、起重工具（如滑车等）、专用吊具上的重要组成部分。

1. 吊钩的种类和规格

（1）吊钩的种类。根据制造方式，吊钩可分为锻造钩和板式钩。锻造钩和板式钩均可以制成单钩和双钩。吊钩示意图见图 2.6-1。

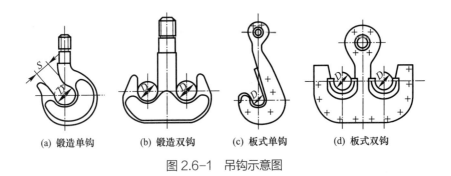

(a) 锻造单钩　　(b) 锻造双钩　　(c) 板式单钩　　(d) 板式双钩

图 2.6-1　吊钩示意图

（2）吊钩断面形状有矩形、梯形、丁字形等。

（3）吊钩的主要尺寸之间有一定的关系，如开口度 S 与钩孔直径 D 之间的关系为 $S \approx 0.75D$。

（4）吊钩起吊重量见表 2.6-1。

吊钩起吊重量　　表 2.6-1

吊钩种类	锻造单钩	锻造双钩	板式单钩	板式双钩
起吊重量	30t 以下	50～100t	75～150t	100t 以上

2. 注意事项

（1）新吊钩在投入使用前要进行检查，应有制造厂的技术证明文件，否则不可盲目投入使用，对新吊钩的开口度要进行测量，应符合规定。

（2）新钩应做负荷试验。吊钩的检验载荷见表2.6-2。

（3）吊钩在使用前，应检查吊钩上标注的额定起重量，不得小于实际起重量。如没有标注或起重量标记模糊不清，应重新计算和通过负荷试验来确定其额定起重量。

（4）对吊钩三个危险断面应用火油清洗，用放大镜看有无裂纹。对板式钩应检查衬套、销子磨损情况。

吊钩的检验载荷　　　　　　　　表2.6-2

额定起重量 Q_n	检验载荷	
（t）	（kN）	（tf）
≤25	200%Q_n	
32	600	60
40	700	70
50	850	85
63	1000	100
80	1200	120
100	1430	143
112	1580	158
125	1725	172.5
140	1890	189
≥160	133%Q_n	

（5）起重吊装作业使用的吊钩，其表面要光滑，不能有剥裂、刻痕、锐角、接缝和裂纹等缺陷。

（6）对吊钩的连接部分要经常进行检查，确认连接是否可靠，润滑是否良好。

（7）吊钩在使用过程中，应进行定期检查，主要内容有变形、裂纹、磨损、腐蚀等方面，并应做好记录。

（8）挂吊索时要将吊索挂至吊钩底部。如需将吊钩直接挂在构件的吊环中，不能硬别，以免使钩身受侧向力，产生扭曲变形。挂吊索的正确方式见图2.6-2。

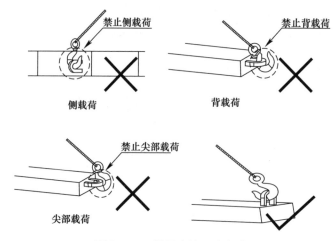

图 2.6-2　挂吊索的正确方式

（9）吊钩不准进行超负荷作业。

（10）吊钩不得补焊。

（11）吊钩上应装有防止脱钩的安全装置。防脱钩安全装置的结构见图2.6-3。

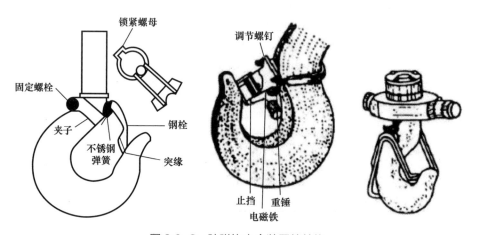

图 2.6-3　防脱钩安全装置的结构

（12）吊钩在停止使用时，应进行仔细清洗、除锈，上好防锈油，放在通风、干燥的地方。

3. 吊钩的报废标准

（《起重吊钩　第3部分：锻造吊钩使用检查》GB/T 10051.3—2010）

吊钩出现下列情况之一时，应报废：

（1）表面不应有裂纹，如有裂纹，则应报废。

（2）钩号006～5的吊钩应检查开口尺寸 a_2，其余钩号的吊钩应检查测量长度 y 或 y_1 及 y_2，其值超过使用前基本尺寸的10%时，吊钩应报废。吊钩结构参数示意图见图2.6-4。

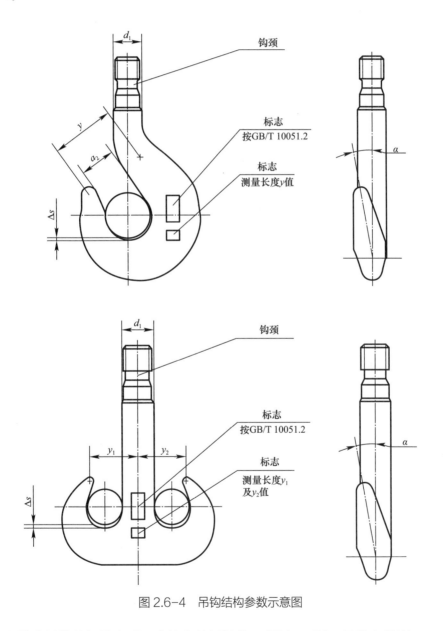

图 2.6-4　吊钩结构参数示意图

（3）检查吊钩的扭转变形，当钩身的扭转角 α 超过10°时，吊钩应报废。

（4）吊钩的钩柄不应有塑性变形，否则应报废。

（5）吊钩的磨损量 Δs 不应超过基本尺寸的 5%，否则吊钩应报废。

（6）钩柄直径 d_1 腐蚀的尺寸不应大于基本尺寸的 5%，否则吊钩应报废。

（7）吊钩的螺纹不得腐蚀。

（8）吊钩的缺陷不允许焊补。

第3章 建筑施工起重吊装作业人员

3.1 建筑起重司索信号工

1. 基本条件

(1) 年满18周岁,具有初中(含初中)以上文化程度。

(2) 身体健康,双目裸眼视力均不低于1.0,无色盲、听觉障碍、癫痫病、高血压、心脏病、眩晕、突发性昏厥等疾病,以及妨碍起重司索作业的其他疾病和生理缺陷。

(3) 掌握一般物件的起重吊点的选择原则。

(4) 有较丰富的实践经验,具有起重作业的组织能力。

(5) 了解作业所需的基本力学知识。

(6) 掌握司索作业安全技术。

(7) 掌握索具和吊具的性能、使用方法、维护保养及报废标准。

(8) 掌握一般物体的重量计算。

(9) 掌握一般物体的绑、挂技术。

(10) 按照国家规定经过专门的安全作业培训,并取得特种作业操作资格证书。

2. 岗位职责

(1) 牢固树立"安全第一,预防为主"的思想,认真学习执行有关安全生产方针、政策法规,掌握本工种安全操作规程及有关方面的安全知识,自觉遵守安全生产的各项制度,听从安全管理人员的指导。

(2) 负责指挥起重机械起重、物件绑扎、挂钩、牵引绳索、吊运的全过程工作,参加编制起重作业方案,确定起重作业人员的构成,对参加起重作业的人员进行安全与技术交底，明确人员分工以及每人的工作职责，负责载荷的重量计算和索具、吊具的正确选择，与起重机司机密切配合，保证起重作业顺利完成。

（3）坚守工作岗位，爱护和正确使用吊具和索具、安全用具及个人防护用品。

（4）严格执行安全操作规程，及时制止违章违纪行为，负责对工作场地情况提出安全保障意见，对起重作业提出建议和措施。

（5）负责保证吊具、索具的技术状态完好，做好文明施工和吊具、索具的维修保养，发现隐患及时处理或上报，确保吊具、索具的安全使用。

（6）维护自身安全，遇到人身危害而无保障措施的作业时，有权拒绝施工，同时立即报告或越级报告有关部门。

（7）负责对可能出现的事故采取必要的防范措施，发生事故或未遂事故，应立即报告且参加事故分析，吸取事故教训，采取措施，防止同类事故重复发生。

3. 技术要求

（1）作业前应穿戴好安全帽及其他防护用品。指挥时应站在能够看到全面工作的地点，所发信号应事先统一，并做到准确、洪亮和清晰。

（2）使用手势信号以本人的手心、手指或手臂表示吊钩、吊臂和机械移动的方向，与起重机司机联络时做到准确无误。

（3）不能同时看清司机和负载时，应站到能看见起重机司机的一侧，并增加人员以便逐级传递信号，当发现错信号时，应立即发出停止信号。

（4）在开始起吊负载时，应先用"微动"信号指挥，待负载离开地面100～200mm时，停止起升，进行试吊，确认安全可靠后，方可用正常起升信号指挥重物上升。在负载降落前，也应使用"微动"信号指挥。

（5）应佩戴鲜明的标识，例如标有"指挥"字样的臂章、特殊颜色的安全帽与工作服等。

（6）负载降落前，确认降落区域安全后，方可发出降落信号。

（7）指挥起重机在雨、雪天气作业时，应先经过试吊、检验制动器灵敏可靠后，方可进行正常的起吊作业。

（8）在高处指挥时，应严格遵守高处作业安全要求。

（9）同时用两台起重机吊运同一负载时，应双手分别指挥各台起重机，以确保同步吊运。

（10）当多人绑挂同一负荷时，起吊前应先做好呼唤应答，确认绑挂无误后，方可由一人负责指挥。

（11）根据吊重物件的具体情况，选择相适应的吊具与索具。起重同一个重物时，不得将钢丝绳和链条等混合使用。

（12）作业过程中严格遵守"十不吊"规定。

（13）起吊重物前，应检查连接点是否牢固可靠。吊钩应与吊物重心在同一条铅垂线上，使吊物处于稳定平衡状态。

（14）起重物件定位固定前，不准离开岗位，不准在索具受力或被吊物悬空的情况下中断工作。

（15）吊运成批零散物件时，必须使用专门吊篮、吊斗等器具，同时吊运两件以上重物，要保持平稳，不得相互碰撞。

3.2 塔式起重机司机

1. 基本条件

（1）年满18周岁，具有初中（含初中）以上文化程度。

（2）身体健康，两眼视力都不低于0.7（塔式起重机起升高度在20m以上，两眼视力都不低于1.0），无色盲，无听觉障碍，无癫痫病、高血压、心脏病、眩晕和突发性昏厥等疾病，无妨碍起重作业的其他疾病和生理缺陷。

（3）具有以下安全技术知识：

① 塔式起重机的构造、性能和工作原理。

② 塔式起重机电气、液压和原动机的基本知识。

③ 塔式起重机主要部件的安全技术要求及易损件的报废标准。

④ 塔式起重机钢丝绳的安全负荷、使用、保养及报废标准。

⑤ 塔式起重机安全装置、制动装置和操纵系统的构造、工作原理及调整方法。

⑥ 正确判断塔式起重机的常见故障。

⑦ 塔式起重机一般维护保养知识。

⑧ 力、力的合成与分解、力矩、重心、塔式起重机的稳定性等力学基本知识。

⑨ 一般物件的重量计算和绑挂知识。

⑩ 有关电气安全、登高作业安全、防火及其救护常识、《起重机 手势信号》GB 5082—2019 和有关安全标志、安全操作技术，常见起重事故及其防止措施；塔式起重机安全操作规程。

（4）具备塔式起重机实际操作技能。

（5）按照国家规定经过专门的安全作业培训，并取得特种作业操作资格证书。

2. 岗位职责

（1）掌握本工种安全操作规程及有关方面的安全知识，自觉遵守安全生产的各项制度，听从安全管理人员的指导。

（2）负责起重设备的操作，服从调度，与信号工和司索工密切配合，保证起重作业顺利完成。

（3）坚守工作岗位，制止非本岗位人员操作自己管辖的设备，爱护和正确使用设备、安全用具及个人防护用品。

（4）严格执行安全操作规程，及时制止违章违纪行为，负责对工作场地情况提出安全保障意见，对起重作业提出建议和措施。

（5）负责保证起重设备各部分的技术状态完好，随时检查作业环境和设备情况，做好设备的维修保养工作，发现隐患及时处理或上报，确保起重设备的安全使用。

（6）发生事故或未遂事故，应立即报告，参加事故分析，吸取事故教训，采取措施防止同类事故重复发生。

（7）维护自身安全，遇到人身危害而无保障措施的作业时，有权拒绝施工，同时立即报告或越级报告有关部门。

（8）认真如实填写塔式起重机运转记录。两班以上作业，要将设备情况存在问题转告下班操作人员，并做好交接班记录。

3. 技术要求

（1）司机必须按塔式起重机的安全操作规程进行作业。

（2）检查机械传动的齿轮箱、液压油箱等的油位是否符合标准，各部制动轮、制动带有无损坏，制动灵敏，吊钩、滑轮、卡环、钢丝绳应符合标准，安全装置灵敏、可靠。

（3）塔式起重机操作前应进行空载运转或试车，确认无误后方可投入生产。

（4）司机严格按照正确的指挥信号进行操作，操作前应发出音响信号，对指挥信号辨不清时，不得盲目操作，对指挥错误有权拒绝执行。

（5）作业过程中严格遵守"十不吊"规定。

（6）操作时司机不得做与操作无关的事情，不得擅离操作岗位。

（7）各种机构、安全保护装置运转中发生故障、失效或不准确时，必须立即停机修复，严禁带病作业和在运转中进行维修保养。

（8）操纵控制器时，必须逐级加、减挡，严禁越挡操作。

（9）塔式起重机行走到接近轨道限位时，应提前减速停车。

（10）行走式塔式起重机停止操作后，必须选择塔式起重机回转时，在无障碍物和轨道中间合适的位置及臂顺风向停机，并锁紧全部的夹轨器。

（11）凡是回转机构带有常闭式制动装置的塔式起重机，在停止操作后，司机必须松开手柄，松开制动，以便塔式起重机能在大风吹动下顺风向转动。

（12）必须将各控制器拉到零位，拉下配电箱总闸，收拾好工具，关好操作室及配电箱的门窗，拉断其他闸箱的电源，打开高处指示灯。

3.3 汽车起重机司机

1. 基本条件

（1）年满18周岁，身体健康。

（2）视力（包括矫正视力）在1.0以上，无色盲、花眼等症状。深度感知能力、视野和反应时间正常。

（3）听力、力量、耐力、敏捷性和协调性以及反应速度应满足要求。

（4）手的灵巧性、协调性正常。

（5）违禁药物测试结果应为阴性。

（6）经体检医生认可无身体缺陷或情绪不稳定的迹象。

（7）汽车起重机司机应每年进行一次体检，体检应在企业指定的医院进行，且无癫痫病史。

（8）汽车起重机应由经过专门培训合格取得特种作业操作证、并经安全监督管理部门考核合格取得上岗证的专职司机操作,塔式起重机司机应操作与操作证相对应的起重机械。

2. 岗位职责

(1)严格遵守各项规章制度、管理条例和各项规定,持证上岗,对本岗位工作负直接责任。

(2)熟练掌握本岗位工作的安全技术操作规程和操作技能。

(3)熟悉所使用起重设备的工作性能和操作方法,做到按规范要求施工。

(4)在工作中要随时注意周围环境,保证安全。

(5)不得超负荷使用汽车起重机。

(6)司机必须服从信号指挥。

(7)按时对设备进行检查、维保,禁止带病作业。

3. 技术要求

(1)操作人员必须具备一定的驾驶技能,例如驾驶技巧、方向盘的灵敏度、变速器的使用等。

(2)汽车起重机驾驶员必须持有相关部门签发的驾驶证和市质量技术监督局签发的起重机械特种作业证,并严格遵守交通管理规则和起重机械安全操作规程。

(3)例行保养启动前应将主离合器分开,各操纵杆应放在空挡位置。作业前应首先检查发动机传动部分、作业制动部分、仪表、钢丝绳以及液压传动,安全装置等部分是否正常,当确认无问题后,方可正式作业,严禁酒后作业。

(4)汽车起重机行驶和工作的场地应平坦坚实,保证在工作时不沉陷,不得在倾斜的地面行驶和作业,视其土质的情况,汽车起重机的作业位置应离沟渠、基坑有必要的安全距离。

(5)操作时应稳定驾驶汽车起重机,平稳前进,避免突然加速或制动,以防在运行中物体失稳或掉落。

(6)汽车起重机司机应与吊装物件保持一定的安全距离,吊物时,不站在被吊物体下方,以免发生意外事故。

(7)严格遵守起重吊装"十不吊"规定。

（8）汽车起重机必须安装安全防护装置，例如手刹、刹车灯、倒车雷达等，这些装置可以在紧急情况下立即产生作用，避免发生事故。

（9）作业中发现汽车起重机倾斜，支腿变形等不正常现象时，应立即放下重物，空载调整正常后，才能继续作业。

（10）汽车起重机在起重满负荷或接近满负荷时不得同时进行两种操作动作。

（11）汽车起重机在作业或行走时，都不得靠近架空输电线路，要保持安全距离。

3.4 履带式起重机司机

1. 基本条件

（1）年满18周岁，身体健康。

（2）视力（包括矫正视力）在1.0以上，无色盲、花眼等症状。深度感知能力、视野和反应时间正常。

（3）听力、力量、耐力、敏捷性和协调性以及反应速度应满足要求。

（4）手的灵巧性、协调性正常。

（5）违禁药物测试结果应为阴性。

（6）经体检医生认可无身体缺陷或情绪不稳定的迹象。

（7）履带式起重机司机应每年进行一次体检，体检应在企业指定的医院进行，且无癫痫病史。

（8）履带式起重机应由经过专门培训合格取得特种作业操作证、并经安全监督管理部门考核合格取得上岗证的专职司机操作，履带式起重机司机应操作与操作证相对应的起重机械。

2. 岗位职责

（1）严格遵守各项规章制度、管理条例和各项规定，持证上岗，对本岗位工作负直接责任。

（2）熟练掌握本岗位工作的安全技术操作规程和操作技能。

（3）熟悉所使用起重设备的工作性能和操作方法，做到按规范要求施工。

（4）在工作中要随时注意周围环境，保证安全。

(5)不得超负荷使用履带式起重机。

(6)司机必须服从信号指挥。

(7)履带式起重机司机应按履带式起重机厂家的规定,及时对履带式起重机进行维护和保养,定期检验,保证起重机始终处于完好状态。

3. 技术要求

(1)履带式起重机驾驶员必须持有市质量技术监督局签发的起重机械特种作业证,并严格遵守起重机械安全操作规程。

(2)例行保养启动前应将主离合器分开,各操纵杆应放在空挡位置。作业前应首先检查发动机传动部分,作业制动部分、仪表、钢丝绳以及液压传动,安全装置等部分是否正常,当确认无问题后,方可正式作业,严禁酒后作业。

(3)履带式起重机行驶和工作的场地应平坦坚实,保证在工作时不沉陷,不得在倾斜的地面行驶和作业,视其土质的情况,履带式起重机的作业位置应离沟渠、基坑有必要的安全距离。

(4)履带式起重机需带载荷行走时,载荷不得超过额定起重量的70%,地面应坚实平坦,吊物应在履带式起重机行走正前方,离地高度不得超过50cm,回转机构、吊钩的制动器必须刹住,行驶速度应缓慢。严禁带载荷长距离行驶。

(5)履带式起重机驾驶员应与吊装物件保持一定的安全距离,并保证吊物时不站在任何物体下方,以免发生意外事故。

(6)严格遵守起重吊装"十不吊"规定。

(7)履带式起重机必须安装安全防护装置,并保证灵敏可靠,避免发生事故。

(8)履带式起重机在起重满负荷或接近满负荷时不得同时进行两种操作动作。

(9)履带式起重机在作业或行走时,都不得靠近架空输电线路,要保持安全距离。

(10)履带式起重机上下坡道时应无载行走,上坡时应将起重臂仰角适当放小,下坡时应将起重臂仰角适当放大。严禁下坡空挡滑行。

(11)作业后,履带式起重臂应转至顺风方向,并降至40°~60°,吊钩应提升到接近顶端的位置,应关停内燃机,将各操纵杆放在空挡位置,各制动器加保险固定,操纵室和机棚应关门加锁。

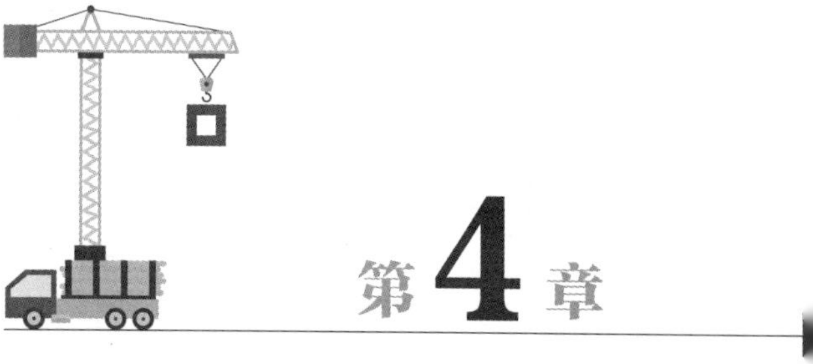

第4章

建筑施工起重吊装安全管理

4.1 起重吊装作业的定义

起重吊装作业是指运用力学知识，借助起重工具、设备等，根据物体的不同结构、形状、重量，采取不同的方式方法，从放置位置吊运到预定位置的过程。

4.2 起重吊装作业安全管理的基本规定

（依据《特种设备安全法》《特种设备监察条例》以及《建筑施工起重吊装工程安全技术规范》JGJ 276—2012）

（1）起重吊装作业前，必须编制专项施工方案，并应进行安全技术措施交底；作业中，未经技术负责人批准，不得随意更改（图 4.2-1、图 4.2-2）。

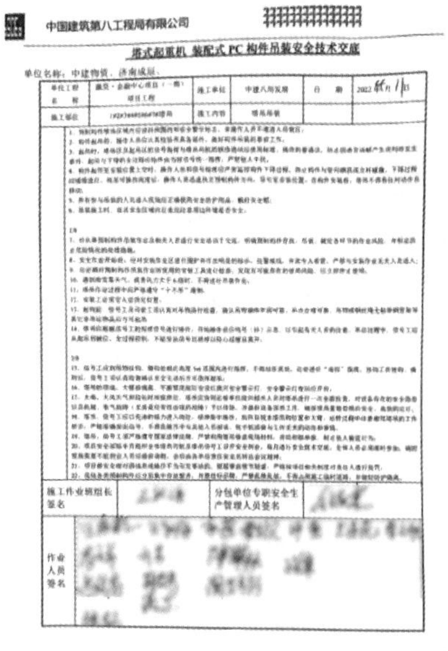
中国建筑第八工程局有限公司

塔式起重机 装配式PC构件吊装安全技术交底

图 4.2-1 安全技术交底示意图

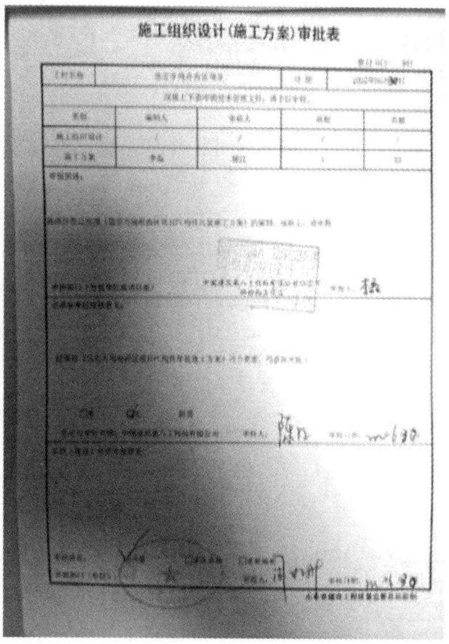
施工组织设计(施工方案)审批表

图 4.2-2 施工方案审批示意图

（2）起重机操作人员、建筑起重司索信号工等特种作业人员必须持特种作业资格证书上岗。严禁非起重机驾驶人员驾驶、操作起重机（图 4.2-3）。

（3）起重机作业人员必须穿防滑鞋，戴安全帽，高处作业应佩挂安全带，并应系挂可靠，高挂低用，安全防护用品见图 4.2-4。

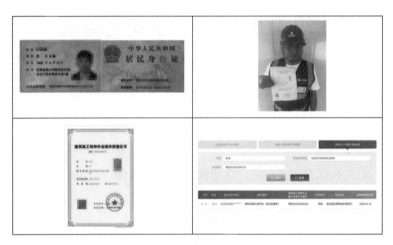

图 4.2-3　作业人员持证上岗

图 4.2-4　安全防护用品

（4）起重机作业前应对起重机全面检查，必须符合安全要求。

（5）起重吊装所用吊索、卡环、绳扣等规格应根据计算确定。起吊前，应对起重机钢丝绳及连接部位和吊具进行检查。

4.3 危险性较大的起重吊装作业安全管理规定

（依据《危险性较大的分部分项工程安全管理规定》住房和城乡建设部令第37号）

（1）危险性较大的起重吊装工程（采用非常规起重设备、方法，且单件起吊重量10kN及以上的吊装工程），施工单位应在施工前组织工程技术人员编制专项施工方案；实行施工总承包的，专项施工方案应由施工总承包单位编制。危险性较大的分部分项工程实行分包的，专项施工方案可以由相关专业分包单位组织编制。专项施工方案必须经施工单位技术负责人审核签字、加盖单位公章，并由总监理工程师审查签字并加盖执业印章后方可实施。

（2）超过一定规模的危险性较大的起重吊装工程（采用非常规起重设备、方法，且单件起吊重量100kN及以上的吊装工程），施工单位应当组织召开专家论证会对专项施工方案进行论证。实行施工总承包的，由施工单位总承包组织召开专家论证会。专家论证前专项施工方案应当通过施工单位审核和总监理工程师审查。专家论证会后，应当形成论证报告，对专项施工方案提出通过、修改后通过或者不通过的一致意见。专家对论证报告负责并签字确认，专项施工方案经论证需修改后通过的，施工单位应当根据论证报告修改完善。专项施工方案应当由施工单位技术负责人审核签字、加盖单位公章，并由总监理工程师审查签字、加盖执业印章后方可实施。专项施工方案经论证不通过的，施工单位修改后应当按照本规定的要求重新组织专家论证。

4.4 吊装作业安全管理措施

（依据《建筑施工起重吊装工程安全技术规范》JGJ 276—2012）

（1）吊装现场应设安全警戒标志，并设专人监护（图4.4-1）。

（2）起重机靠近架空线路作业或在架空线路下行走时，与架空线路的安全距离应符合《施工现场临时用电安全技术规范》JGJ 46—2005和《塔式起重机安全规程》GB 5144—2016的规定，高压线安全距离见图4.4-2。

图 4.4-1　吊装现场应设安全警戒标志，并设专人监护

安全距离 (m)	电压 (kV)				
	<1	1~15	20~40	60~100	220
沿垂直方向	1.5	3.0	4.0	5.0	6.0
沿水平方向	1.0	1.5	2.0	4.0	6.0

图 4.4-2　高压线安全距离

（3）大雪、暴雨、大雾及六级以上大风等恶劣天气时，应停止作业。雨雪后进行吊装作业，应当及时清理冰雪并采取防滑和防漏电措施，先试吊，确认制动器灵敏可靠后方可进行作业，恶劣天气作业事故案例见图 4.4-3。

图 4.4-3　恶劣天气作业事故案例

（4）作业前，作业单位应对起重机械、吊具、索具、安全装置等进行检查，确保其处于完好状态，并签字确认。

（5）应按规定载荷进行吊装，吊具、索具应经计算选择使用，不应超载荷吊装。

（6）不应利用管道、管架、电杆、机电设备等作吊装锚点。

（7）起吊时应先将构件吊离地面 200～300mm 后，停止起吊，检查起重机的稳定性、制动器的可靠性、构件的平衡性和绑扎的牢靠性等，确认无误后方可继续起吊。已吊起的构件不得长久滞留空中。严禁超载荷吊装不明重量的重型构件和设备。

（8）严禁在吊起的构件上行走和站立。不得用起重机载运人员，不得在构件上堆放和悬挂零星物件。严禁在吊起的构件下面或起重臂下旋转范围内作业或行走。起吊时应匀速，不得突然制动，回转时动作应平稳，当回转未停稳前不得做反向动作，吊物站人事故案例见图 4.4-4。

图 4.4-4　吊物站人事故案例

（9）指挥人员（图 4.4-5）应佩戴明显的标志，并按联络信号进行指挥。起重机械操作人员、司索人员应遵守有关规定。

图 4.4-5　指挥人员

（10）吊装作业人员应遵守如下规定：

1）按指挥人员发出的指挥信号进行操作；任何人发出的紧急停车信号均应立即执

行；吊装过程中出现故障，应立即向指挥人员报告。

2）吊物接近额定起重吊装能力时，应检查制动器，用低高度、短行程试吊后，再起吊。

图 4.4-6 双机抬吊

3）利用两台或多台起重机械吊运同一重物时，宜采用同类型或性能相近的起重机，载荷分配应合理，单机载荷不得超过额定起重量的 80%。两机应协调工作，起吊的速度应平稳缓慢（图 4.4-6）。

4）下放吊物时，不应自由下落（溜）；不应利用极限位置限制器停车。

5）不应在起重机械工作时对其进行检修；不应在有载荷的情况下调整起升变幅机构的制动器。

6）停工和休息时，不应将吊物、吊笼、吊具和吊索悬在空中。

7）以下情况不应起吊：① 无法看清场地、吊物，指挥信号不明；② 起重臂吊钩或吊物下面有人、吊物上有人或浮置物；③ 散落物装得太满、吊物捆绑、紧固、吊挂不牢，吊挂不平衡，绳打结，绳不齐，斜拉重物，棱角吊物与钢丝绳之间没有衬垫；④ 超载、吊物质量不明、与其他吊物相连、埋在地下、与其他物体冻结在一起；⑤ 安全装置失灵。

（11）司索人员应遵守如下规定：

1）听从指挥人员的指挥，并及时报告险情。

2）不应用吊钩直接缠绕吊物及不应将不同种类或不同规格的索具混在一起使用。

3）吊物捆绑应牢靠，吊点和吊物的重心应在同一垂直线上。

4）起升吊物时应检查其连接点是否牢固、可靠。

5）吊运零散件时，应使用专门的吊篮、吊斗等器具，吊篮、吊斗（图 4.4-7）等不应装满。

6）吊物就位时，应与吊物保持一定的安全距离，用拉伸或撑杆、钩子辅助其就位（图 4.4-8）。

7）吊物就位前，不应解开吊装索具。

（12）监护人员应确保吊装过程中警戒范围区内没有非作业人员或车辆经过；吊装过程中吊物及起重臂移动区域下方不应有任何人员经过或停留。

图 4.4-7　吊篮、吊斗

（13）作业完毕应做如下工作：

1）将起重臂和吊钩收放到规定位置，所有控制手柄均应放到零位，起重机械的电源开关应断开。

2）对在轨道上作业的起重机，应将起重机停放在指定位置有效锚定（图 4.4-9）。

3）吊索、吊具收回，放置到规定位置，并对其进行例行检查。

图 4.4-8　辅助就位　　　　　　　　图 4.4-9　轨道吊车停放

第5章

建筑施工起重吊装图解

5.1 木料吊装

1. 木料质量计算

物体的质量是由物体的体积和它本身材料的密度所决定的。质量单位为千克（公斤），单位符号为kg。为了正确计算物体质量。必须先掌握物体体积的计算方式和各种材料密度等有关知识，各种常用物体的密度见表5.1-1。

各种常用物体的密度　　　　　　　　表5.1-1

物体材料	密度 ($\times 10^3$kg·m^{-3})	物体材料	密度 ($\times 10^3$kg·m^{-3})
水	1.0	混凝土	2.4
钢	7.85	碎石	1.6
铸铁	7.2～7.5	水泥	0.9～1.6
铸铜、镍	8.6～8.9	砖	1.4～2.0
铝	2.7	煤	0.6～0.8
铅	11.34	焦炭	0.35～0.53
铁矿	1.5～2.5	石灰石	1.2～1.5
木材	0.5～0.7	造型砂	0.8～1.3

物体的质量可根据下列方式计算：$m = pV$。

式中：m——物体质量；

p——物体密度；

V——物体的体积。

根据密度表得出 1m 木方（干的）= 0.6t。

2. 常用木料

常见木料见图 5.1-1。

图 5.1-1 常见木料

3. 木料吊装使用吊索具

在起重吊装作业中，常用吊索具应使用合格国标钢丝绳编插连接。编插连接示意图如图 5.1-2 所示，绳卡使用示意图如图 5.1-3 所示。

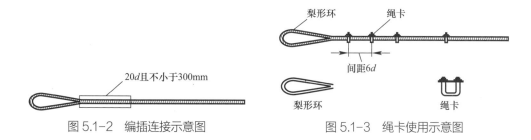

图 5.1-2 编插连接示意图　　　图 5.1-3 绳卡使用示意图

吊索的安全系数见表 5.1-2，安全系数＝钢丝绳破断拉力/钢丝绳最大静载荷。

吊索安全系数　　　　　　　表 5.1-2

用途	安全系数	用途	安全系数
作缆风绳	3.5	作吊索、无弯曲	6~7
用于手动起重设备	4.5	作捆绑吊索	8~10
用于机动起重设备	5~6	用于载人的升降机	14

4. 木料吊装使用吊索具

卸扣使用的注意事项：

1）必须使用锻造的，一般使用 20 号钢锻造后经过热处理而制成的，不能使用铸造和补焊的卸扣。

2）使用不得超过规定载荷，应使销轴和扣顶受力，不得横向受力。

3）吊装时使用卸扣绑扎，在吊物吊起时应使扣顶在上，销轴在下，使绳扣受力后压紧销轴，销轴因受力，在销孔中产生摩擦力，使销轴不易脱出。卸扣使用示意图见图 5.1-4。

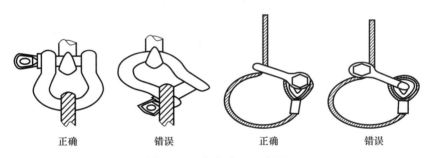

图 5.1-4　卸扣使用示意图

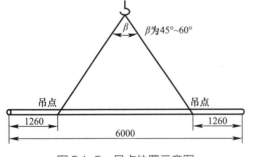

图 5.1-5　吊点位置示意图

5. 木料吊装吊点选择

常规吊装作业中，一般使用两个吊点，则两个吊点应分别在距物体两端 $0.21L$ 处。如：物体长度 $L=6000$mm。则吊点位置为 6000 mm $\times 0.21 = 1260$mm 处最佳。吊点位置示意图见图 5.1-5。

6. 木料吊装吊索具夹角

钢丝绳吊索所承受的力随着吊索间夹角增大而增大。不同角度钢丝绳受力示意图见图 5.1-6。

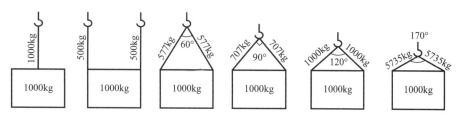

图 5.1-6　不同角度钢丝绳受力示意图

7. 木料正确吊装

吊装作业吊物绑扎好后，在得到信号工起钩指令起钩离地 200～300mm 后应停止向上起钩，待信号司索工检查并敲紧吊索后得到信号指挥发出起钩指令后起钩，操作时操纵各控制器应依次逐挡操作，严禁越挡操作。

操作变幅及回转时，吊物应高于前进方向所有障碍物 2m；严禁吊物在下方有人区域运转。

吊物到达目的地时，严禁自由下降，重物就位时，可用微动机构使其缓慢下降就位；吊物下方应垫木方，待司索工把吊索抽出无负荷且信号指挥发出起钩指令时方可起钩；严禁使用起重机带载强行抽吊索。

木料吊装图如图 5.1-7～图 5.1.-9 所示。

图 5.1-7　木料吊装图（一）

图 5.1-8　木料吊装图（二）

图 5.1-9　木料吊装图（三）

8. 木料错误吊装

木料错误吊装见图 5.1-10～图 5.1-15。

图 5.1-10　不允许兜吊　　　　图 5.1-11　吊点选择不正确（一）

图 5.1-12　碎木方未用料具　　图 5.1-13　吊点选择不正确（二）

图 5.1-14 长短混吊且卸扣横向受力

图 5.1-15 打包带代替吊索

5.2 钢管吊装

1. 钢管分类

钢管见图 5.2-1。

盘扣式钢管见图 5.2-2。

图 5.2-1 钢管

图 5.2-2 盘扣式钢管

2. 钢管重量估算

焊接钢管重量估算见表 5.2-1，盘扣式钢管重量估算见表 5.2-2。

焊接钢管重量估算　　　　　　　　　　　表 5.2-1

类型	外径（mm）	壁厚（mm）	重量（kg/m）
焊接钢管	48.3	3.5	3.867

盘扣式钢管重量估算　　　　　　　　　　　表 5.2-2

序号	类型	名称	型号	单位	单重（kg）
1	盘扣	可调底座	KTZ-450/500	根	3.53

续表

序号	类型	名称	型号	单位	单重（kg）
2	盘扣	可调底座	KTZ-600	根	3.90
3	盘扣	可调托撑	KTC-600	根	4.83
4	盘扣	调节基座	JZ-200	根	1.80
5	盘扣	调节基座	JZ-250	根	2.21
6	盘扣	调节基座	JZ-350	根	1.90
7	盘扣	水平杆48系列	SG-600	根	2.43
8	盘扣	水平杆48系列	SG-900	根	3.45
9	盘扣	水平杆48系列	SG-1200	根	4.37
10	盘扣	水平杆48系列	SG-1500	根	5.36
11	盘扣	水平杆48系列	SG-1800	根	6.48
12	盘扣	立杆	LG-500	根	3.60
13	盘扣	立杆	LG-1000	根	6.06
14	盘扣	立杆	LG-1500	根	8.40
15	盘扣	立杆	LG-2000	根	10.86
16	盘扣	立杆	LG-2500	根	13.50
17	盘扣	立杆	LG-3000	根	15.46
18	盘扣	竖向斜杆48系列	42 0.6×1.5	根	5.42
19	盘扣	竖向斜杆48系列	42 0.9×1.5	根	5.77
20	盘扣	竖向斜杆48系列	42 1.2×1.5	根	6.08
21	盘扣	竖向斜杆48系列	42 1.5×1.5	根	6.57
22	盘扣	竖向斜杆48系列	42 1.8×15	根	7.21
23	盘扣	竖向斜杆48系列	33 0.6×1.5	根	4.10
24	盘扣	竖向斜杆48系列	33 0.9×1.5	根	4.35
25	盘扣	竖向斜杆48系列	33 1.2×1.5	根	4.60
26	盘扣	竖向斜杆48系列	33 1.5×1.5	根	4.88
27	盘扣	竖向斜杆48系列	33 1.8×1.5	根	7.16

3. 钢管正确吊装

（1）有预留吊点的，吊装打包预留的吊点，没预留吊点的，找好吊装位置用吊索具进行双支穿套结索法吊装，保证吊物的吊装平衡，见图5.2-3。

（2）禁止用金属丝或打包带代替吊索具，见图5.2-4。

（3）长短分类、有序摆放，找好吊点用吊索具进行双支穿套结索法吊装，见图5.2-5。

（4）吊装带吊装双圈穿套，见图5.2-6。

图 5.2-3　钢管吊装图（一）

图 5.2-4　禁止用金属丝成打包带代替吊索具

图 5.2-5　钢管吊装图（二）

图 5.2-6　钢管吊装图（三）

4. 钢管错误吊装

（1）吊点距离过大导致吊索具夹角过大，见图5.2-7。

（2）吊点距离过小导致吊物平衡状态失衡，见图5.2-8。

（3）单圈穿套，导致倾斜滑落，见图5.2-9。

（4）未预留抽绳空间，见图5.2-10。

（5）吊索长度不统一，见图5.2-11。

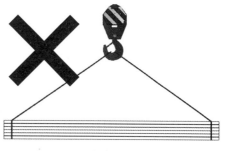

图 5.2-7　钢管错误吊装（一）

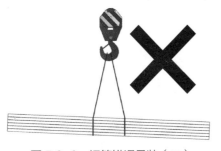
图 5.2-8 钢管错误吊装（二）

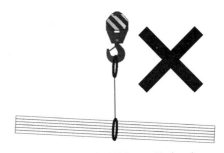
图 5.2-9 钢管错误吊装（三）

图 5.2-10 钢管错误吊装（四）

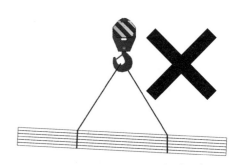
图 5.2-11 钢管错误吊装（五）

5.3 钢筋吊装

1. 钢筋重量计算

（1）计算公式：

1）圆钢每米重量（kg）：$W = 0.00617 \times d^2$，d 为直径（mm）

2）螺纹钢每米重量（kg）：$W = 0.00617 \times d_0^2$，d_0 为直径（mm）

（2）常用钢筋重量估算见表5.3-1。

常用钢筋重量估算　　表5.3-1

直径 d（mm）	8	12	14	16	18	25	28	36	40
横截面积（cm²）	0.503	1.131	1.539	2.011	2.545	4.909	6.158	10.179	12.566
理论重量（kg/m）	0.395	0.888	1.208	1.578	1.998	3.850	4.830	7.990	9.865

2. 钢筋正确吊装

（1）找好吊点，长短一致、平衡试吊、吊物下方应垫木方，待司索工把吊索抽出无负荷且信号指挥发出起钩指令后方可起钩。

（2）车上卸料时先吊两侧料再吊中间料，否则容易失衡滑落，见图 5.3-1。

（3）焊接吊点、使用扁担梁进行吊装，见图 5.3-2、图 5.3-3。

（4）两根钢丝绳用卡环对接，从盘圆中间穿过，见图 5.3-4。

图 5.3-1　钢筋吊装图（一）

图 5.3-2　钢筋吊装图（二）　　图 5.3-3　钢筋吊装图（三）　　图 5.3-4　钢筋吊装图（四）

3. 钢筋错误吊装

（1）吊点过宽，吊装钢筋中间出现下挠，见图 5.3-5。

（2）吊点过窄，吊装出现倾斜，见图 5.3-6。

（3）起吊不平衡，见图 5.3-7。

图 5.3-5　钢筋错误吊装（一）　　　　图 5.3-6　钢筋错误吊装（二）

(4)歪拉斜拽,见图 5.3-8。

(5)捆扎不牢,见图 5.3-9。

(6)严禁将钢筋的钢箍用作吊点。

(7)严禁码放不整齐,长短混吊,见图 5.3-10。

图 5.3-7 钢筋错误吊装(三)

图 5.3-8 钢筋错误吊装(四)

图 5.3-9 钢筋错误吊装(五)

图 5.3-10 钢筋错误吊装(六)

(8)成捆原材吊点选择错误,见图 5.3-11。

(9)起吊材料挂有不稳定因素,见图 5.3-12。

图 5.3-11 钢筋错误吊装(七)

图 5.3-12 钢筋错误吊装(八)

5.4 零散物料吊装

1. 零散物料

施工现场常见的零散物料有扣件、顶托、底托、安装配管、吊篮配重、长度 1m 以下的钢管、木方、箍筋等材料，安全地吊运零散碎料，就必须选择合适的装载器具，确保零散碎料在吊运过程不会散落，建筑施工现场常见的用于吊运零散物料的器具有吊笼、专用托盘或托架等。零散物料见图 5.4-1。

图 5.4-1 零散物料

2. 零散物料正确吊装

施工现场各类零散物料应使用专用吊笼进行吊装，吊笼有明显的限载标识，见图 5.4-2。

3. 零散物料错误吊装

（1）使用仅设置两个吊点的吊笼吊运零散材料，见图 5.4-3。

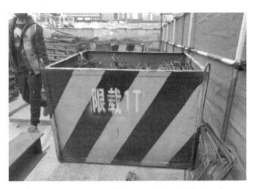

图 5.4-2 吊笼有明显的限载标识

图 5.4-3 零散物料错误吊装（一）

（2）使用吊笼吊运零散材料时，码放超高，存在坠物风险，见图 5.4-4。

（3）超载吊运零散材料，见图 5.4-5。

图 5.4-4 零散物料错误吊装（二）

图 5.4-5 零散物料错误吊装（三）

（4）零散短物料直接使用钢丝绳吊装，物料两侧预留长度过少，吊运过程易滑出，见图 5.4-6。

（5）使用吨包吊运零散物料，见图 5.4-7。

图 5.4-6 零散物料错误吊装（四）

图 5.4-7 零散物料错误吊装（五）

5.5 模板吊装

1. 模板分类

模板按材料可分为木模板（图5.5-1）和铝模板（图5.5-2）。

图5.5-1 木模板

图5.5-2 铝模板

2. 模板重量估算

模板重量估算见表5.5-1。

模板重量估算　　　　　表5.5-1

类型	长（mm）	宽（mm）	厚（mm）	重量（kg/m³）
模板	1830	915	12~30	650
模板	2440	1220	12~30	650
跳板	6000	50	250	700
铝模	—	—	—	2700

3. 模板正确吊装

（1）按照大小分类码齐，找好吊装位置，用吊索具进行双支穿套结索法吊装，保证吊物的吊装平衡，见图5.5-3。

（2）有预留吊点的吊装打包预留的吊点，见图5.5-4。

（3）按照大小分类码齐，找好吊装位置用吊索具进行双支穿套结索法吊装，保证吊物的吊装平衡，见图5.5-5。

图5.5-3 模板吊装（一）

图 5.5-4 模板吊装（二）

图 5.5-5 模板吊装（三）

4. 模板错误吊装

（1）吊点选择错误，钢丝绳与吊物之间未收束紧固，见图 5.5-6。

（2）铝模未解体，依靠销钉连接，直接整体吊装。

（3）大面积铝模与零散铝模配件混放、混吊。

（4）起吊铝模时，内部堆放销钉等零散材料配件。

图 5.5-6 模板错误吊装

5.6 施工机具吊装

施工机具吊装是现场施工中一项重要的工程，它关系到整个现场的施工流程及施工进度。因此，在施工过程中，必须认真遵循安全施工规范，科学地制定吊装方案，确保在安全保障的前提下顺利完成吊装。

1. 施工机具分类

施工现场主要普遍使用的机具是弯曲机（图 5.6-1）、切割机（图 5.6-2）、套丝机（图 5.6-3）、布料机（图 5.6-4），这些是主体施工中不可或缺的机械设备，需要在施工初期规划摆放位置，不同的机具吊装方式不同，要考虑如何固定钢丝绳及固定位置，通过方案编制及技术交底对施工进行保障。

2. 施工机具重量估算

施工机具重量估算见表 5.6-1。

第 5 章　建筑施工起重吊装图解　　·087·

图 5.6-1　弯曲机

图 5.6-2　切割机

图 5.6-3　套丝机

图 5.6-4　布料机

施工机具重量估算　　　　　　　　　表 5.6-1

施工机具	主机尺寸	重量
弯曲机	1100mm × 820mm × 750mm	400kg
切割机	1450mm × 450mm × 850mm	470kg
套丝机	1250mm × 500mm × 1050mm	450kg
布料机	15m	1600kg

3. 施工机具正确吊装

（1）弯曲机

弯曲机吊装示意图见图 5.6-5。

若原机械有挂钩，吊点设置在挂钩处；若原机械无挂钩，吊点应设置在辅助轮外侧，并保证起吊过程中机械重心到两股钢丝绳的距离大致相等。

（2）切割机

切割机吊装示意图见图 5.6-6。

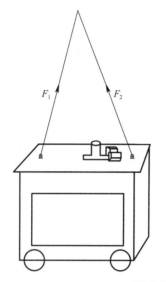

图 5.6-5　弯曲机吊装示意图

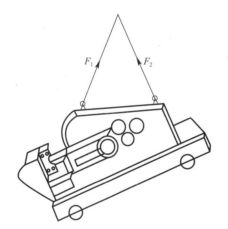

图 5.6-6　切割机吊装示意图

若原机械有挂钩，吊点设置在挂钩处；若原机械无挂钩，吊点应设置在辅助轮外侧，并保证起吊过程中机械重心到两股钢丝绳的距离大致相等。

（3）套丝机

套丝机吊装示意图见图 5.6-7。

若原机械有挂钩，吊点设置在挂钩处；若原机械无挂钩，吊点应设置在辅助轮外侧，并保证起吊过程中机械重心到两股钢丝绳的距离大致相等。

（4）布料机

布料机吊装示意图见图 5.6-8。

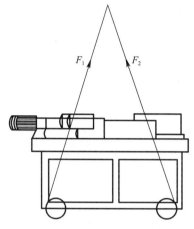 

图 5.6-7 套丝机吊装示意图

若原机械有挂钩,吊点设置在挂钩处;若原机械无挂钩,吊点应设置在辅助轮外侧,并保证起吊过程中机械重心到两股钢丝绳的距离大致相等。

4. 施工机具错误吊装

(1)将系挂点绑在中间位置,导致无法达到两端受力平衡,产生倾覆,见图 5.6-9。

(2)将吊点挂在框架两侧,钢丝绳无法固定,产生倾翻,见图 5.6-10。

(3)采用捆绑后单点吊运,易发生旋转且钢丝绳易从两侧滑脱,见图 5.6-11。

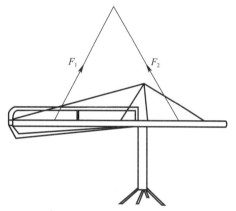

图 5.6-8 布料机吊装示意图

图 5.6-9 施工机具错误吊装(一)　　图 5.6-10 施工机具错误吊装(二)

图 5.6-11 施工机具错误吊装（三）

（4）钢丝绳缠绕两侧，起吊后因钢丝绳无法固定，因偏心受力易发生钢丝绳滑脱产生坠物风险，见图 5.6-12。

5.7 PC 构件吊装

随着装配式混凝土结构住宅的推广和建筑产业化技术的进步，PC 构件的装配率比重越来越大。现市场常见的 PC 构件有：

图 5.6-12 施工机具错误吊装（四）

预制钢筋混凝土板式楼梯、预制钢筋混凝土阳台板、空调板及女儿墙、桁架钢筋混凝土叠合板、剪力墙。预制构件吊装前根据构件类型准备吊具。加工模数化通用吊装梁，模数化通用吊装梁根据各种构件吊装时不同的起吊点位置，设置模数化吊点，确保预制构件在吊装时吊装钢丝绳保持竖直，避免产生水平分力导致构件旋转。

预制柱一般采用灌浆套筒连接，支撑采用可调斜支撑，分别至于柱两垂直边方向进行锚接。

1. 预制柱

（1）预制柱的堆放

1）堆放场地应平整夯实，堆放时构件与地面之间应有一定的空隙，并设排水措施。

2）堆放时除最下层构件采用通长垫木，上层构件宜采用单独的垫木，垫木应放在距板端 200～300mm 处，并做到上下对齐，垫平垫实。

3）柱类构件存放时，应平放且不宜超过2层。

（2）预制柱的吊装

1）预制柱吊装采用厂家提供的专用吊装钢梁。

2）将吊索具与PC柱上端的预埋吊环连接紧固后，在柱的另一端放置木方，以预防PC柱起吊离地时边角被撞坏。

3）吊装顺序：预制柱吊装按照先边缘后中心，逐层向内推进的吊装顺序进行吊装，以便进行定位测量复核。

（3）预制柱的安装

柱初步就位后，采用斜支撑进行临时固定，根据深化设计图纸，在垂直于柱的两侧方向各安装一道斜撑，与柱成45°角，均采用预埋螺栓连接，连接锁紧后方能卸除起重机械卸扣。

柱头起重机械卸扣松绑时，应使用符合上下设备规范的工具实施，并应实行协同作业，以确保人员安全。预制柱吊装示意图见图5.7-1。

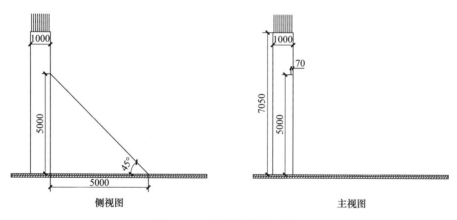

图5.7-1 预制柱吊装示意图

2. 预制梁

（1）预制梁的堆放

1）堆放场地应平整夯实，堆放时，构件与地面之间应有一定的空隙，并设排水措施。

2）堆放时除最下层构件采用通长垫木，上层构件宜采用单独的垫木，垫木应放在距板端200~300mm处，并做到上下对齐，垫平垫实。

3）梁类构件存放时，应平放且不宜超过 2 层。

（2）预制梁的吊装

预制叠合梁采用专用吊具为扁担型吊梁，吊梁留置可以调整吊点的吊装孔，根据吊点的位置调整吊链的位置，便于找平与安装；吊链连接专用吊爪，配合叠合梁圆头吊钉使用，简单、安全、高效，能满足施工要求。吊装方式示意图见图 5.7-2。

图 5.7-2　吊装方式示意图

（3）预制梁的安装

当预制梁安装就位后，塔式起重机在信号工的指挥下，将预制梁缓缓下落至安装部位，预制梁支座搁置长度应满足设计要求，预制梁预留钢筋锚入柱的长度应符合规范要求。

1）预制梁标高校正：吊装工根据预制梁标高控制线，调节支撑体系顶托，对预制梁标高进行校正。

2）预制梁轴线位置校正：吊装工根据预制梁轴线位置控制线，利用楔形小木块嵌入预制梁对预制梁轴线位置进行调整。

3. 剪力墙板

（1）剪力墙板现场堆放

墙板采用靠放，用槽钢制作满足刚度要求的三角支架，应对称堆放，外饰面朝外，倾斜度保持在 5°～10°，墙板搁支点应设在墙板底部两端处，堆放场地须平整、结实。搁支点可采用柔性材料。堆放好以后要采取临时固定措施。剪力墙板固定见图 5.7-3。

(2)吊点设计

为防止起吊引起构件变形,设计多吊点起吊,采用钢扁担起吊就位。构件的起吊点应合理设置,保证构件能水平起吊,避免磕碰构件边角。对于多点起吊构件,为保证各点受力均匀,避免实际吊装受力与计算模型不一致,采用捯链进行调整。

图 5.7-3　剪力墙板固定

(3)剪力墙板的吊装见图 5.7-4。

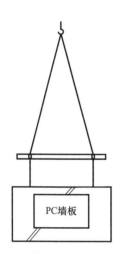

图 5.7-4　剪力墙板吊装

(4)剪力墙板就位

预制墙体吊装就位时可利用快速定位措施件快速定位,墙板吊装之前根据墙板安装位置,将快速定位措施件安装准确,吊装时利用定位凹槽豁口进行快速定位,保证定位钢筋快速插入到灌浆套筒中。预制墙板吊装就位时,将拧在墙板上的螺栓插入快速定位措施件豁口中,墙板慢慢随豁口槽下落就位。快速定位措施件示意图如图 5.7-5 所示。

墙板垂直度校正措施:待墙板水平就位调节完毕后,通过调节墙板水平位置调节杆来控制其垂直度,见图 5.7-6。

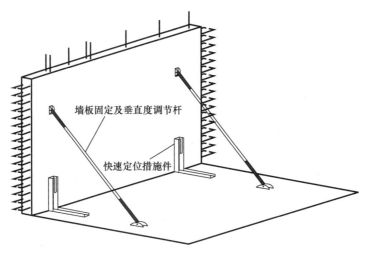

图 5.7-5　快速定位措施件示意图

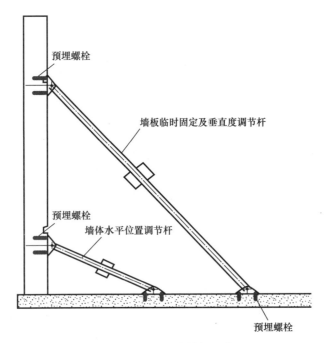

图 5.7-6　墙板支撑与调节

4. 楼板

（1）楼板的堆放

楼板堆放一般不超过 6 层，每层之间垫木方，防止楼板受力变形、损坏。楼板堆放见图 5.7-7。

图 5.7-7　楼板堆放

（2）楼板的吊装

楼板采用预设吊点，预制叠合楼板一般采用平衡框吊装。叠合板吊具采用钢梁，板长≤4m 的，采用 4 点挂钩，板长＞4m 的，采用 8 点挂钩，吊钩或卸扣对称（左右、前后）固定于桁架钢筋的纵筋与腹筋的焊接位置，起吊时应确保各吊点均匀受力。楼板吊装示意图见图 5.7-8。

5. 楼梯

（1）楼梯堆放

预制楼梯采用堆放，堆放层数不超过 4 层，层与层之间垫木方，防止构件损坏，见图 5.7-9。

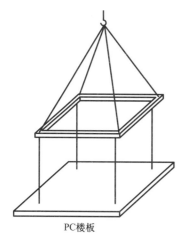

图 5.7-8　楼板吊装示意图

图 5.7-9　楼梯堆放

（2）楼梯吊点

楼梯在构件生产过程中留置内螺母，在构件吊装过程中，为保证构件吊装方便，设置通用吊耳。吊耳一侧设置两个长度 40mm 的椭圆孔，另外一侧设计直径为 50mm 的吊孔，楼梯吊点示意图如图 5.7-10 所示。

（3）楼梯的吊装

采用水平吊装，用螺栓将通用吊耳与楼梯板预埋螺母连接，起吊前检查卸扣卡环，确认牢固后方可继续缓慢起吊。楼梯吊装示意图见图 5.7-11。

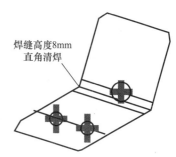

图 5.7-10　楼梯吊点示意图

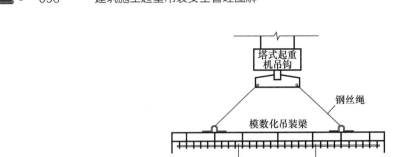

图 5.7-11 楼梯吊装示意图

5.8 钢结构吊装

建筑施工中的钢结构设计多样，造型各异，其基本结构单元有：钢柱、钢梁、桁架等。吊装常用的辅助机械有：汽车起重机、履带式起重机。起重吊装方式有：单机吊装、双机抬吊、液压提升等。网架结构常用的安装方法有：高空散装法、分条分块安装法、结构滑移法、支撑架滑移法、整体吊装法、整体提升法等。

1. 桁架常见形式

（1）鱼腹式空腹桁架结构图见图 5.8-1。

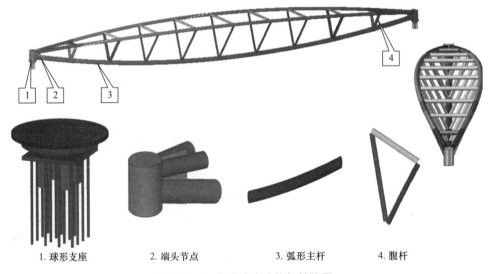

1. 球形支座　　2. 端头节点　　3. 弧形主杆　　4. 腹杆

图 5.8-1 鱼腹式空腹桁架结构图

鱼腹式空腹桁架结构体系，主结构件均为圆管，胎架拼装示意图见图 5.8-2。

图 5.8-2　胎架拼装示意图

（2）三角形桁架及胎架拼装见图 5.8-3。

图 5.8-3　三角形桁架及胎架拼装

（3）单片桁架拼装见图 5.8-4。

图 5.8-4　单片桁架拼装

（4）四边形桁架及胎架拼装见图 5.8-5。

（5）悬挑桁架见图 5.8-6。

图 5.8-5　四边形桁架及胎架拼装　　　　图 5.8-6　悬挑桁架

（6）多层桁架见图5.8-7。

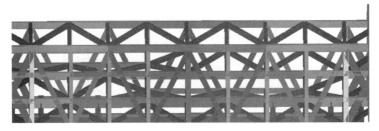

图5.8-7　多层桁架

（7）屋顶网架见图5.8-8。

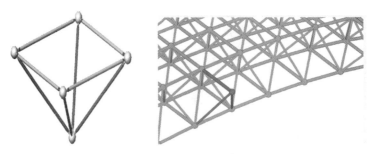

图5.8-8　屋顶网架

2. 钢柱常见形式

（1）劲性柱见图5.8-9。

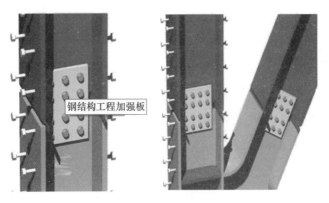

图5.8-9　劲性柱

（2）圆管柱见图5.8-10。

（3）方管柱见图5.8-11。

图 5.8-10 圆管柱

图 5.8-11 方管柱

3. 钢结构常规吊点设置

（1）钢柱

钢柱吊点的设置原则：考虑吊装简便，稳定可靠。钢柱吊点设置见图 5.8-12。

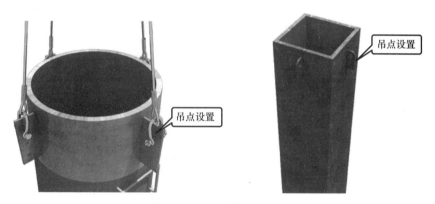
图 5.8-12 钢柱吊点设置

（2）钢梁

钢梁吊点的设置原则：为方便现场安装，确保钢梁吊装安全，钢梁在工厂加工制作时应在钢梁上翼缘部分焊接吊耳。大跨度钢梁采用 4 点吊装，吊点位置设置相应的吊耳，见图 5.8-13。

图 5.8-13 钢梁吊装示意图

吊装梁的吊索水平角度不得小于 45°，绑扎必须牢固。钢梁的吊点设置在梁的三等分点处，在吊点处设置耳板。采用专用吊具装卡，此吊具用普通螺栓与耳板连接。对于同一层重量不大的钢梁，在满足起重设备最大起重量的同时，可以采用一钩多吊，以提高吊装效率。

（3）桁架

鱼腹式桁架采用 4 点吊装，吊点布置于上弦杆与腹杆相交位置，同时，在钢丝绳上挂两只 20t 捯链，方便姿态调整。桁架吊装示意图见图 5.8-14～图 5.8-17。

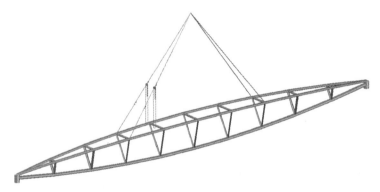

图 5.8-14　桁架吊装示意图（一）

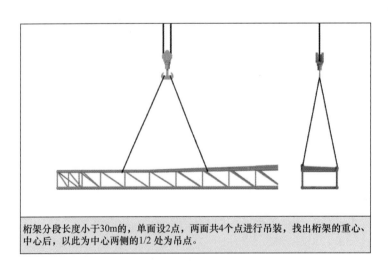

图 5.8-15　桁架吊装示意图（二）

四边形桁架吊点一般设置在中心两侧对称主弦和腹杆连接处，以免吊索滑移。

图 5.8-16　桁架吊装示意图（三）

图 5.8-17　桁架吊装示意图（四）

4. 钢结构吊装安全措施

钢结构吊装安全措施见图 5.8-18～图 5.8-23。

图 5.8-18　设置操作平台及爬梯

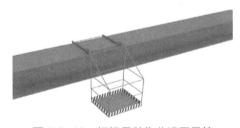
图 5.8-19　钢梁吊装作业设置吊笼

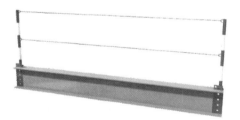
图 5.8-20　钢梁上设置安全绳

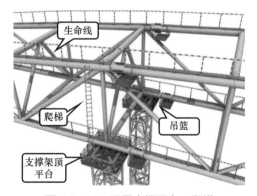
图 5.8-21　设置支撑平台、爬梯

图 5.8-22　设置施工便道

图 5.8-23　氧气、乙炔防倾倒

5. 高空作业"十不准"

高空作业"十不准"见图 5.2-24。

图 5.8-24　高空作业"十不准"

图 5.8-24　高空作业"十不准"（续）

5.9 玻璃幕墙吊装

玻璃幕墙吊装是玻璃幕墙安装的一项重要工程，它关系到建筑的美观度和安全性。因此，在施工过程中，必须认真遵循安全施工规范，科学地制定吊装方案，确保在安全保障的前提下顺利完成吊装。

1. 准备工作

图 5.9-1 玻璃运输专用支架

在安装玻璃之前，需要先进行准备工作。首先，施工人员将玻璃搬运到玻璃运输专用支架上，然后将玻璃固定，为安装电动吸盘机做准备。玻璃运输专用支架见图 5.9-1。

安装电动吸盘机，首先要注意定位，左右对称，略偏玻璃中心上方，以确保玻璃在起吊后不会偏斜或转动。然后进行试起吊，将玻璃吊起 2~3cm，以检查各个吸盘是否都牢固吸附玻璃。在玻璃适当位置安装手动吸盘、拉绳索和侧边保护胶套，以便在玻璃就位时，工人协助玻璃就位，防止玻璃失控。玻璃吊装准备工作见图 5.9-2。

2. 玻璃幕墙吊装

采用验收合格的电动吸盘机吊装，安排厂家专项培训过的人员进行安装，使用验收合格的吊装带进行辅助、保险，吊装带与水平夹角不宜小于 45°。玻璃幕墙吊装见图 5.9-3。

3. 常见错误吊装示例

（1）吊装区域未拉设警戒线，无信号工指挥，见图 5.9-4。

（2）吊装钢丝绳过细，连接位置卡扣数量不足，方向不一致，未按要求加设辅助、捆绑吊装带，见图 5.9-5。

图 5.9-2 玻璃吊装准备工作

图 5.9-3　玻璃幕墙吊装

图 5.9-4　吊装区域未设警戒线，无信号工指挥

图 5.9-5　吊装钢丝绳过细，连接位置卡扣数量不足，方向不一致，未按要求加设辅助、捆绑吊装带

（3）未按方案施工，随意进行双机抬吊，见图 5.9-6。

（4）使用吊篮作为玻璃幕墙材料运输工具，吊篮上操作人员超过 2 人，见图 5.9-7。

图 5.9-6　未按方案施工，随意进行双机抬吊　　　图 5.9-7　吊篮上操作人员超过 2 人

（5）吸盘安装位置与方案不符，吊装带未兜底，见图 5.9-8。

（6）玻璃幕墙就位时临边作业人员未挂设安全带，见图 5.9-9。

（7）采用"蜘蛛人"作业方式进行安装，无可靠悬挂点，见图 5.9-10。

（8）未安装吸盘，吊装带随意捆绑吊装，见图 5.9-11。

图 5.9-8 吊装带未兜底

图 5.9-9 临边作业人员未挂设安全带

图 5.9-10 无可靠悬挂点

图 5.9-11 未安装吸盘，吊装带随意捆绑吊装

5.10 双机抬吊

双机抬吊是指利用两台起重设备作为主要吊装机械，用两台起重机械合理分配结构或设备的重量，确保两台起重设备所承受的重量分别在各自吊装允许的性能范围以内，从而安全完成吊装作业。

当采用两台起重机械进行吊装时，尽管在施工准备过程中可以根据起重机械的额定起重量进行负荷分配，但起吊时各台起重机械的实际负荷总与理论计算所分配的负荷量不同。

两台起重机械抬吊时，可能发生"斜吊"，使起重机械倾覆力矩增大而稳定性降低。因此应依据两台起重机的类型和设备特点，选择绑扎位置和吊点，对两台起重机进行合理的荷载分配，其吊重应小于两台起重机额定起重量之和的75%，任意一台起重机械负荷量不超过其额定起重量的80%，并采取如下措施：

（1）吊装作业前必须严格制定切实可行的吊装方案，经批准后方可进行工作。

（2）参与施工的人员须熟悉工作内容，做到"四明确"即工作任务明确、施工方法明确、起重重量明确、安全事项及技术措施明确。

（3）起重作业场地或行驶道路必须坚实平整。

（4）尽可能使用同类型或性能相近的起重机械，并严格要求起重机驾驶人员听从指挥操作，并密切配合。

（5）双机正式抬吊前，一定要经过试吊，试吊时需要做好详细记录，使指挥、驾驶操作人员经过试吊后能熟练掌握起重机械在抬吊过程中的配合程序。

（6）采用双机抬吊时，起重机械应严格在规定的回转半径以内，站位起重臂间要保持足够的安全距离，吊装过程中不能发生碰撞。当各起重机械的起升速度不一致时，升速快的起重机械应间断停顿，停顿的时间和时刻应使升速快的起重机所增加的吊荷重不超过额定起重量的20%。

（7）吊装过程中两台起重机的动作必须互相配合，指挥人员要随时注意观察起重机械的吊钩滑轮组、吊索是否倾斜，如发现倾斜要及时调整，以防一台起重机失稳而使另一台起重机超载。

（8）双机抬吊时，每台起重机械应设置一名副指挥，其主要目的是监视、观察各自起重机支腿在作业过程中是否有异常情况。

双机抬吊要求：

（1）门式起重机在安装前，编制施工方案并审批通过，组织所有参加作业的相关人员认真学习本施工方案以及说明书，熟悉技术参数和安装工艺流程。门式起重机安装人员入场后由项目部对安装人员开展安全教育工作，并对安装人员进行三级安全技术交底，交底覆盖率为100%。

（2）吊装作业区域上空无妨碍作业的建筑物、架空输电线路、信号线等障碍物。吊装作业区域地下无妨碍作业的水管、电缆管线、暗井以及松填土等。吊装作业现场平整宽阔，地面上无障碍物。现场满足汽车起重机支车作业所需要空间、满足运输车辆进出现场的空间；满足门式起重机各结构部件现场摆放、临时固定所需场地及主梁地面拼装所需空间。

（3）材料机具准备：

1）辅助设备必须性能良好、无故障，安全装置、制动装置齐全且动作灵敏可靠。

2）各工种作业用工器具必须经过检查校验符合安全和质量要求。

3）捯链、卸扣等必须经过检验达到安全使用要求且标识清晰，并在使用前检查确认符合使用要求后方可使用。

4）电动工器具应经过检验合格并经漏电保护器。

5）钢丝绳的安全系数不小于6倍，且经过检查完好无损伤，符合安全要求方可使用。

6）作业中使用的安全带、安全绳及保险绳应经检验合格，严防安全设施不安全。

（4）两台汽车起重机抬吊分析：

主梁安装时，两台汽车起重机杆长均为27.6m，作业半径为8.2m，70t汽车起重机额定起重量为19t，主梁重量为24t。

被吊物重量 $G_{主梁} = k1 \times k2 \times 24 = 1.1 \times 1.1 \times 24 = 29.04(t)$

其中，$k1$为动载系数，取值为1.1；$k2$为不均匀载荷系数，取值为1.1。

70t汽车起重机抬吊时允许的吊重重量：

$Q = (Q_{额} - Q_{钩} - Q_{吊索}) \times 80\% = (19 - 0.6) \times 80\% = 14.72(t) > G_{主梁}/2 = 14.5t$；满足要求。

$Q_{额}$为汽车起重机额定起重量，0.6为吊钩与吊索重量。

（5）门式起重机主梁抬吊：

1）根据现场情况进行实际测量，主梁安装计划单根主梁吊装，按汽车起重机所需工作半径制定出两台汽车起重机站定部位，两主梁在地梁两边尽可能靠近地梁，避免主梁起吊就位时，汽车起重机工作半径增大。

2）使用两台70t汽车起重机安装主梁，主梁总重24t，钢丝绳采用4根 $\phi 28 \times 8m$

钢丝绳；拴好吊点以后，指挥两台汽车起重机同时起钩，主梁提升离地100～200mm静悬空中5～8min，察看所有机具确认安全可靠后，方能慢速将主梁提升超过支腿上口50～100mm高度，同时开动两汽车起重机的回转机构，使主梁移到支腿上面接法兰处对位。

3）两台汽车起重机必须由一人统一指挥，在起吊后无论在任何起吊高度，主梁都必须处于两端平衡。门式起重机吊装见图5.10-1。

图5.10-1 门式起重机吊装

5.11 其他吊装

1. 液压同步提升技术

（1）液压提升器提升步序见图5.11-1。

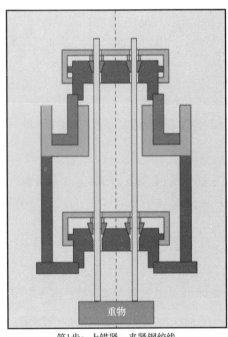
第1步：上锚紧，夹紧钢绞线

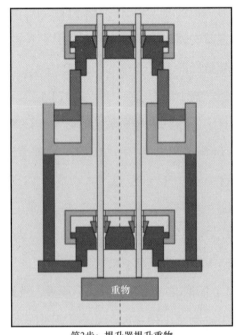
第2步：提升器提升重物

图5.11-1 液压提升器提升步序

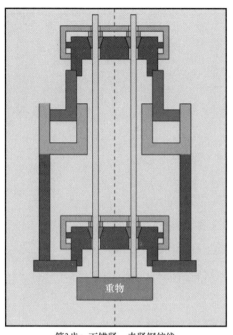
第3步：下锚紧，夹紧钢绞线

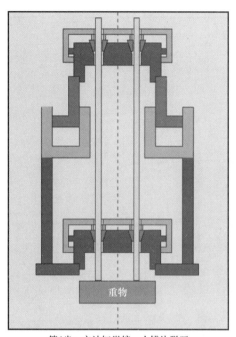
第4步：主油缸微缩，上锚片脱开

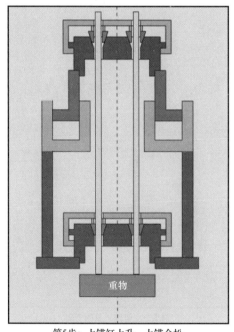
第5步：上锚缸上升，上锚全松

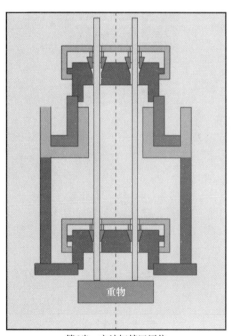
第6步：主油缸缩回原位

图 5.11-1　液压提升器提升步序（续）

液压提升器下降步序见图 5.11-2。

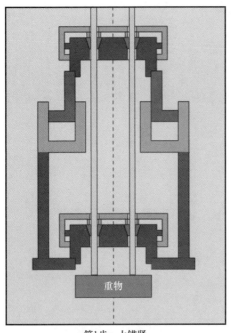

第1步：上锚紧

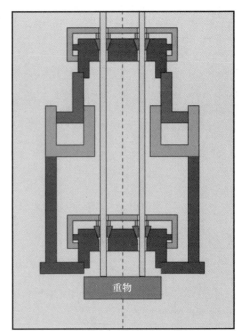

第2步：主缸微升，松下锚

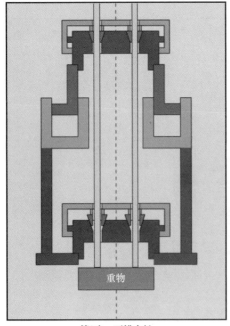

第3步：下锚全松

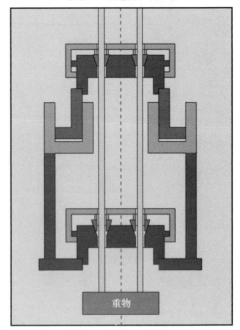

第4步：主缸缩，重物下降

图 5.11-2　液压提升器下降步序

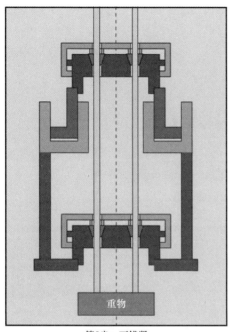
第5步：下锚紧

第6步：主缸全缩，松上锚

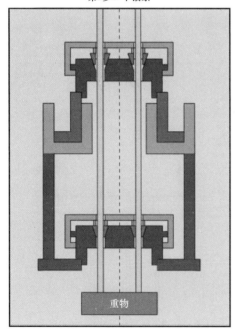
第7步：上锚全松

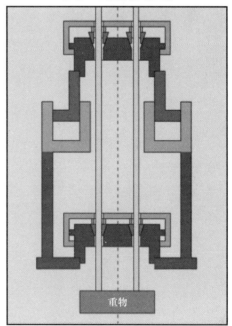
第8步：主缸伸，准备再次下降

图 5.11-2　液压提升器下降步序（续）

（2）液压提升机见图 5.11-3，计算机控制人机界面示意图见图 5.11-4。

（3）液压提升架的形式见图 5.11-5～图 5.11-7。

（4）液压提升系统下吊点设置见图 5.11-8。

图 5.11-3 液压提升机

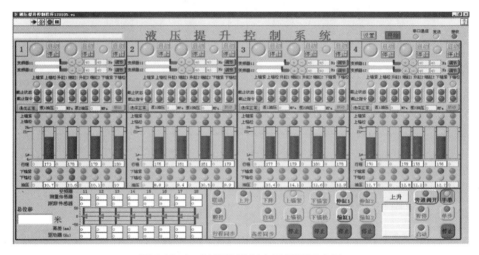

图 5.11-4 计算机控制人机界面示意图

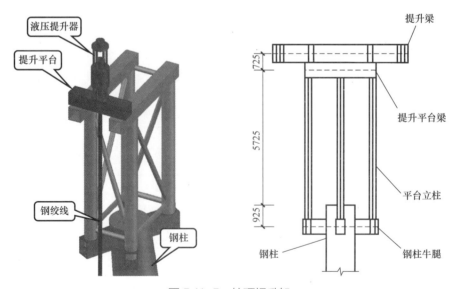

图 5.11-5 柱顶提升架

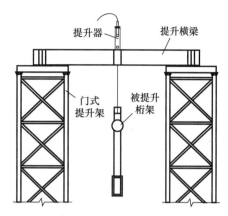

图 5.11-6　门式提升架

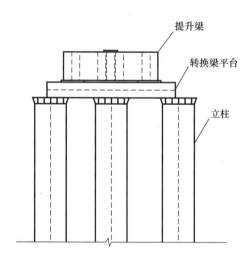
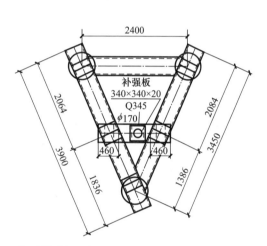

图 5.11-7　三角形提升架

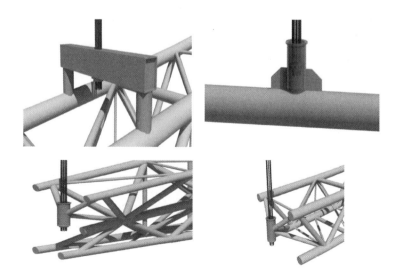

图 5.11-8　液压提升系统下吊点设置

（5）液压提升示例（表 5.11-1）。

液压提升示例　　　　　　表 5.11-1

第 1 步：在 F3 楼面上拼装钢桁架，安装提升平台，放置提升器，提升器通过钢绞线与下吊具连接

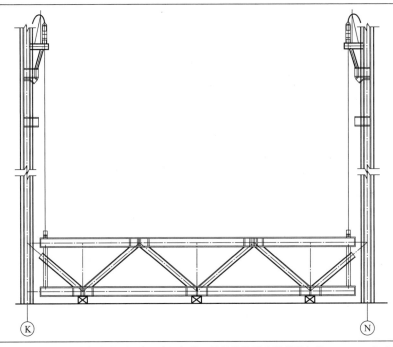

第 2 步：钢桁架提升段拼装完成后，提升器分级加载，使其整体脱离拼装胎架约 100mm，停止提升。液压缸锁紧，静置 12h，检查结构、临时杆件、提升吊点和提升平台的焊缝和变形是否正常

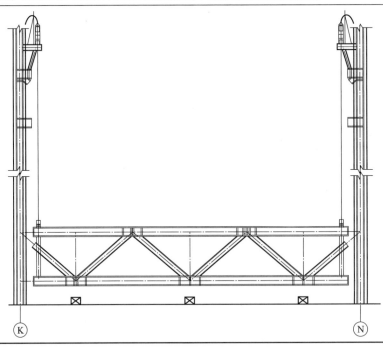

续表

第3步：检查无误后，整体同步提升

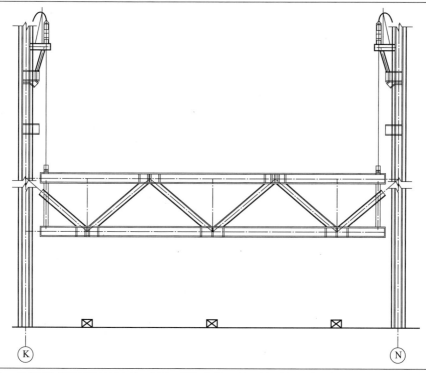

第4步：整体同步提升至设计标高处，提升器微调作业，对口处精确就位液压缸锁紧，对口焊接

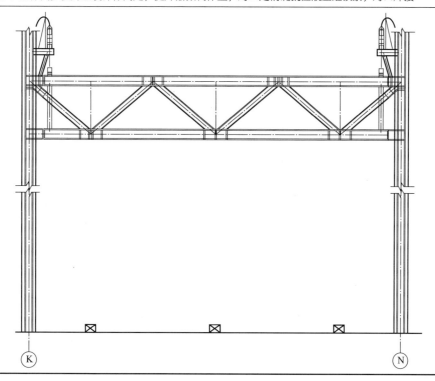

续表

第5步：提升器卸载，荷载转移至预装段上

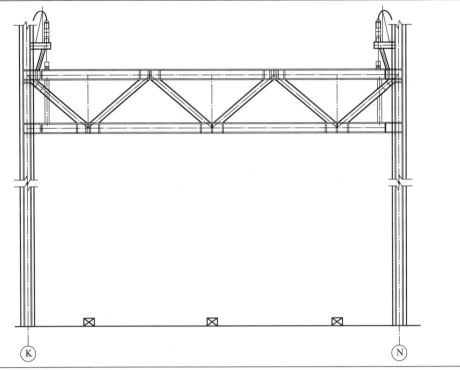

第6步：拆除提升临时措施和设备

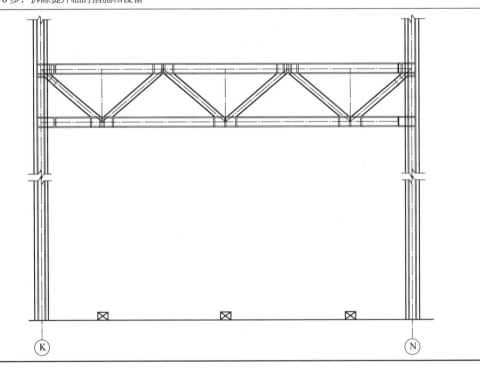

2. 钢结构屋架整体顶升技术

(1) 液压整体顶升简介

液压整体顶升是采用"地面拼装，整体顶升"的方法施工。网架在地面安装时受力合理、施工安全可靠；速度快，工期短；可实现高难度、大面积、超重量等钢结构项目的施工，且单块网架组拼选择网架中间为起步点，向四周进行扩散安装，有利于减小累积误差与累积挠度。

(2) 主要技术及设备

1) 顶升工作原理

顶升支撑架借鉴了塔式起重机的设计理念，以1010mm为一个标准节，标准节与标准节间的连接采用螺栓球节点连接，拆卸十分方便。液压千斤顶为特制，起重能力为50t，千斤顶本体高度为1.6m，最大行程为1250mm。顶升时把千斤顶放在支撑架的底部，上部通过托球管与网架球节点贴紧，经检查、调试后开始顶升，顶升一个行程，下面的空间尺寸大于1010mm（取1050mm）后停止顶升，把一个标准节从下部装在支撑架上，然后千斤顶回落，使支撑架落在下面的基座上，抽取销钉后，千斤顶继续回落至底部，将千斤顶顶升连接拉板与底部标准节球板孔对接，穿上销钉，继续进行下一个循环，如此往复，每次顶升1050mm，直到把网架顶升至预定标高。

2) 顶升系统组成

顶升系统主要由顶推千斤顶、顶推油泵、支撑架、电脑同步控制系统组成，千斤顶单次顶升高度设置为1050mm，千斤顶每完成一个顶升作业就需要安装一节支撑架，由千斤顶和支撑架交替承担网架的重量来完成千斤顶的伸缩及支撑架的伸长；以此实现网架的垂直上升运动。支撑架作用是将被顶升物体的重量传递给地基，它是由钢管和螺栓球组合而成的格构式螺栓球网架支撑架。同时，顶升和加节在地面完成，极大地降低了工作人员的劳动强度，提高了工作安全系数和工作效率。

(3) 工艺流程图见图5.11-9。

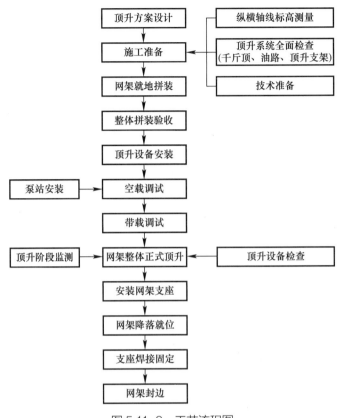

图 5.11-9 工艺流程图

3. 网架整体顶升施工方法（表 5.11-2）

网架整体顶升施工方法　　　　　　　表 5.11-2

序号	主要工作内容	图示
1	地面组拼网架	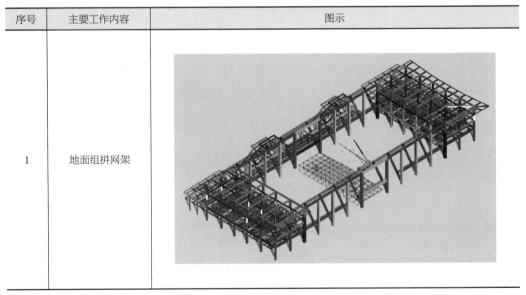

续表

序号	主要工作内容	图示
2	网架组拼完成，安装顶升支架	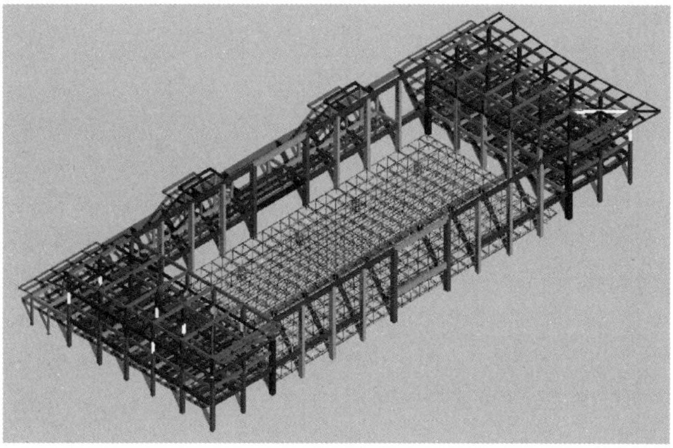
3	现场检查验收，进行顶升工作	
4	顶升结束后，对各个部位进行检查验收	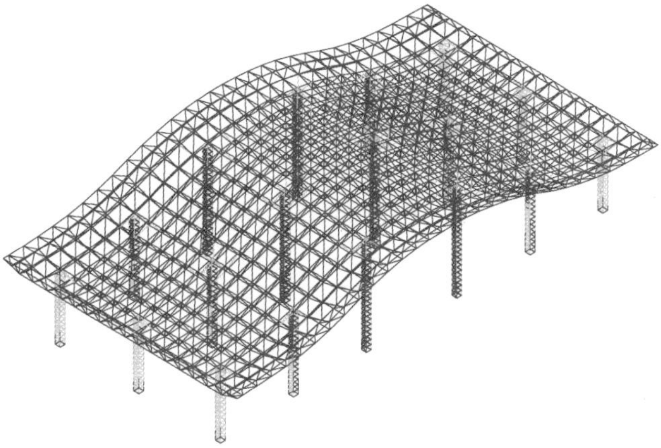

续表

序号	主要工作内容	图示
5	顶升就位,安装支座部位欠缺杆件	
6	卸载,拆除顶升支架,完成网架安装	

4. 支撑架顶升施工方法(表 5.11-3)

支撑架顶升施工方法　　　　　　　　　　表 5.11-3

第 1 步:安装顶升支撑架系统

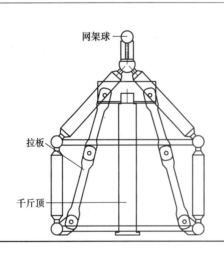

续表

第 2 步：启动油泵，泵站供油，在电脑控制下，千斤顶同步顶升一个行程

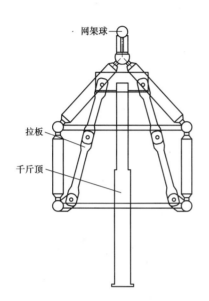 

第 3 步：加装一个支撑架标准节（加杆步骤：依据对称和稳固原则加杆，先加杆中间支架，再加杆两侧排支架，两相邻支架不得同时加杆）

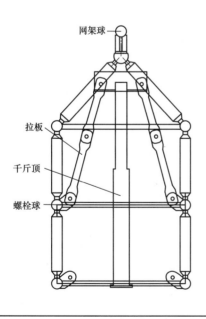 

续表

第4步：泵站回油，让支架承担网架重量，然后抽出拉板销钉
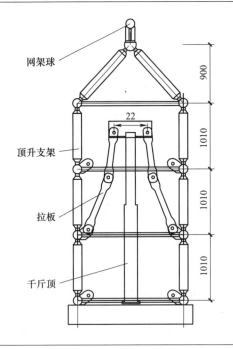 
第5步：泵站回油，让千斤顶活塞回到缸体内
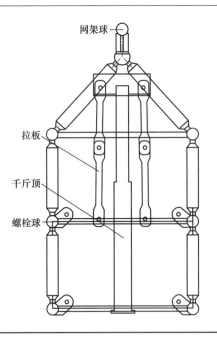 

续表

第6步：安装拉板销钉，泵站供油，使千斤顶处于受力状态，准备下一次顶升

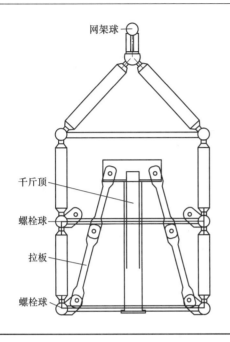